AF613564

RAPPORTS

SUR LES INSTRUMENTS ET LES PRODUITS AGRICOLES

DE

L'EXPOSITION UNIVERSELLE.

RAPPORTS

SUR LES

INSTRUMENTS ET LES PRODUITS AGRICOLES

DE

L'EXPOSITION UNIVERSELLE,

ADRESSÉS A M. LE PRÉFET DE LA SOMME,

Au nom de la Section d'agriculture

DE LA COMMISSION DÉPARTEMENTALE.

AMIENS,
IMPRIMERIE DE E. YVERT,
Rue Sire-Firmin-Leroux, 24.

1856

EXPOSITION UNIVERSELLE.

COMMISSION DÉPARTEMENTALE.

RAPPORT

ADRESSÉ

A M. LE PRÉFET DE LA SOMME,

AU NOM DE LA SECTION DE L'AGRICULTURE,

Sur les instruments et les machines agricoles de l'Exposition Universelle.

SOMMAIRE :

Considérations générales. — Matériel agricole employé pour la préparation et le nettoiement du sol. — Charrues. — Fouilleuses. — Scarificateurs. — Extirpateurs. — Buttoirs. — Houes. — Herses. — Rouleaux — Semoirs.

Instruments employés pour dépouiller le sol de ses récoltes et faire subir aux produits de celles-ci toutes les transformations dont ils sont susceptibles. — Moissonneuses. — Faucheuses. — Râteaux. — Machines à battre. — Manèges. — Résultats économiques obtenus par l'usage de ces machines. Tarares. — Trieurs. — Nettoyeurs. — Hache-paille. — Coupe-racines. — Concasseurs — Écrase-pommes. — Laveurs de racines. — Appareils pour faire cuire les légumes. — Barattes. — Meunerie. — Meules. — Machines pour le rhabillage. — Moulins agricoles.

Machines, ustensiles divers, etc.

Fabrication des tuyaux de drainage. — Drainage. — Conclusions.

EXPOSITION UNIVERSELLE.

COMMISSION DÉPARTEMENTALE.

RAPPORT ADRESSÉ A M. LE PRÉFET DE LA SOMME,

AU NOM DE LA SECTION DE L'AGRICULTURE,

SUR LES INSTRUMENTS ET LES MACHINES AGRICOLES DE L'EXPOSITION UNIVERSELLE.

Monsieur le Préfet,

La Commission d'agriculture vient vous entretenir de l'Exposition universelle considérée au point de vue des produits naturels du sol et des instruments et machines agricoles présentant, en quelque sorte, des spécimens pour tous les lieux et pour toutes les conditions économiques.

On peut partager en deux catégories les machines et appareils en usage dans les exploitations rurales.

Les premiers ont rapport à la préparation et au nettoiement du sol, aux semailles, aux plantations et à la distribution des engrais. Ces instruments sont employés pour placer le sol dans de meilleures conditions de production.

Les autres servent pour les récoltes, pour la conservation, la préparation et la transformation des produits. Ils sont destinés, pour la plupart, à modifier ces produits et à les présenter, en définitive, sous la forme où ils peuvent être consommés.

Des charrues perfectionnées, des herses, des rouleaux, des scarificateurs, des semoirs, des bineuses, des machines à moissonner, à faucher, des faneuses, des râteaux, des coupe-racines, des hache-paille et des machines à battre, figuraient, dans chacune de ces catégories, au nom de l'Angleterre, des Etats-Unis, de la France, de la Belgique et d'autres contrées de l'Europe

On ne conteste point l'influence exercée sur les progrès de l'agriculture par le développement de la mécanique agricole.

La Commission a pu constater que cette science, à peine connue dans le département de la Somme, est moins avancée en France qu'en Angleterre et qu'aux Etats-Unis où plusieurs machines importantes viennent d'être nouvellement inventées.

L'introduction dans la culture d'instruments perfectionnés ne tarderait point à amener des changements considérables et à opérer une révolution féconde dans les travaux extérieurs et intérieurs de nos exploitations rurales.

Notre sol varié offre des ressources naturelles dont on peut tirer un merveilleux parti, en faisant subir aux terrains les préparations qu'ils réclament.

Les opérations qui ont lieu à l'intérieur de la ferme sont également susceptibles de recevoir de nombreuses améliorations.

L'usage d'instruments énergiques et d'engins nouveaux aurait pour conséquence de faire reconquérir à notre agriculture le rang qu'elle occupait il y a deux cents ans, comparativement à quelques contrées voisines.

D'autre part, on commence à sentir la nécessité d'avoir recours à des instruments destinés à remplir certaines fonctions qui tendent à réduire l'homme à l'état de machine.

Par exemple, les moissonneuses et les machines à battre, ne sont-elles pas appelées à affranchir les ouvriers agricoles de durs et pénibles travaux ?

On s'est préoccupé du danger de l'adoption, dans les campagnes, de machines nouvelles qui priveraient de salaire les ouvriers ruraux, et occasionneraient des chômages forcés et prolongés.

Ces craintes, faciles à comprendre, ont cependant trop promptement alarmé quelques esprits inquiets.

Il importe de remarquer, en effet, que dans l'industrie où les machines remplacent presque partout les métiers à main, la quantité de travail tend toujours à s'accroître par suite de besoins nouveaux.

Pourquoi n'en serait-il pas de même en agriculture où des façons préparatoires et multipliées à donner au sol, la mise en culture des biens communaux, le drainage et autres modes d'assainissement, le développement des cultures industrielles, l'augmentation dans le rendement des terres mieux cultivées, etc., etc., ne peuvent manquer de créer des travaux nombreux et variés?

L'emploi de ces machines agricoles, qui ne se propageront d'ailleurs qu'avec lenteur, offrira aux cultivateurs, dans plusieurs circonstances, la faculté de se soustraire à une exigence calculée de la part de certains ouvriers, à une époque de l'année où il est nécessaire de poursuivre les travaux avec la plus grande activité.

En examinant la question sous un point de vue général, on est amené à reconnaître que la culture dans le passé, alors qu'il suffisait de produire pour soi, se réduisait, en quelque sorte, au labourage à bras, à la main-d'œuvre, à l'homme-outil.

La culture du présent et de l'avenir doit, au contraire, livrer à la circulation un excédant considérable de produits, et elle obtiendra ce résultat, en simplifiant et en perfectionnant le travail par l'emploi d'instruments et de machines justement préconisés.

Les divers moyens de production concourent, dans une certaine mesure, au développement de la richesse publique :

l'agriculture progressive seule, rivalisera, sous ce rapport, avec les grandes branches de l'industrie manufacturière : elle contient, de plus, le secret de l'alimentation à bon marché.

Telles sont, Monsieur le Préfet, quelques-unes des considérations auxquelles s'est livrée la section de l'agriculture, par suite de la comparaison qu'elle a dû nécessairement établir entre les nombreuses machines agricoles exposées au Palais de l'Industrie.

L'ordre adopté pour étudier ces divers appareils et rechercher ceux qui paraîtraient devoir être introduits avec fruit dans le département de la Somme, était indiqué par la nature et l'usage spécial de chacun d'eux.

La Commission s'est arrêtée d'abord à la collection du matériel agricole employé pour la préparation et le nettoiement du sol.

Le jugement porté sur les instruments choisis dans cette catégorie, se trouve généralement confirmé par les appréciations des délégués que vous avez chargés de suivre les expériences exécutées à Trappes, le 15 août dernier, en présence de son Altesse Impériale le prince Napoléon.

La Commission n'hésite point à signaler plusieurs charrues à l'attention toute particulière des cultivateurs du Département. Une courte description de chacune d'elles en fera connaître les principaux avantages.

Charrues.

Les trois parties constitutives d'une charrue sont le *coutre*, le *soc*, et le *versoir*.

Par l'action du coutre, la terre est coupée verticalement ; le soc, armé de son *aile*, la tranche horizontalement et commence déjà à soulever la bande de terre pour la conduire au versoir.

Quant au versoir, appelé ordinairement *oreille*, il achève de soulever la bande de terre et la renverse de côté dans la raie précédemment ouverte

Le *sep*, qui glise au fond du sillon, les *étançons* servant à relier entre elles la partie inférieure et la partie supérieure de la charrue ; *l'âge* ou *haie* formant le corps de la charrue et recevant le mouvement qui la fait avancer dans le sol ; le *régulateur* destiné à faire varier, suivant les besoins, le degré de profondeur du labour et la largeur des tranches de terre : telles sont les autres parties secondaires, mais cependant très importantes de la charrue.

L'araire d'Armelin, de Draguignan (Var), est construit avec une extrême simplicité, sans écrous ni vis. Cette charrue convient surtout aux terrains très pierreux.

Toutes les pièces principales, constituant le corps de ce instrument, sont indépendantes les unes des autres,et peuvent être remplacées par suite de fracture et d'usure, sans le secours de boulons.

Le versoir est formé de trois pièces dont l'une, celle qui touche le sol, est en fer aciéré.

Une des particularités de la charrue d'Armelin, celle qui fait la base de son système, c'est la pointe mobile du soc. Une barre de fer prend son point d'appui au-dessus du talon du sep, et vient sortir en avant du soc dont elle forme, pour ainsi dire, le prolongement. Par cette disposition, la pointe de cette barre de fer, taillée en bec de flûte, s'affile à mesure qu'elle s'use, de sorte que le laboureur n'a autre chose à faire que de pousser la pointe en avant, lorsque cela devient nécessaire. Cette pièce donne de la fixité à la charrue.

L'araire d'Armelin, qui peut-être s'assied moins bien sur le sol que les charrues composées, présente de grands avantages sous le rapport du prix. Celui-ci varie de 55 à 60 fr., selon les dimensions données à l'instrument.

Si les araires exigent plus d'attention et d'adresse de la part du laboureur, ils paraissent donner moins de tirage à l'attelage qne les charrues composées.

Dans ces derniers temps, Armelin a adapté à son araire un avant-train que l'on peut enlever, et qui permet de labourer plus ou moins profond, à volonté.

Sous cette forme, la charrue d'Armelin coûte 95 francs.

La charrue en fer de M. Bodin (Rennes) se vend 120 fr. La même charrue en bois coûte 67 francs.

Le versoir en fonte est d'une grande régularité. Il est un peu évidé à sa partie inférieure, afin d'éviter des frottements inutiles, cette partie n'ayant aucune action dans le *retournement* de la bande.

Le sep est également en fonte ; il a peu de largeur et peu de hauteur. De cette manière, une très petite surface *lisse* le sol horizontalement et verticalement.

Le soc est en fer aciéré. On pourrait le fabriquer en fonte.

Le coutre est fixé sur le côté gauche de l'âge au moyen d'une coutelière en fonte et d'une vis de pression.

Le régulateur se compose d'une tige verticale percée de trous traversant l'extrémité de l'âge, et pouvant s'élever et s'abaisser à volonté, suivant la profondeur du labour. Une cheville fixe cette tige à l'âge.

Les mancherons offrent un bras de levier assez développé pour que le maniement et la direction de l'instrument ne soient point un travail pénible pour le laboureur.

La Commission a examiné deux charrues système américain.

L'une, du prix de 70 fr., construite par M. Rayé, André, (Creuse), est remarquable par son âge tournant et sa simplicité.

L'autre, du prix de 100 fr., ne présente plus de partie mobile. La volée d'attelage est transportée d'une extrémité à l'autre par le moyen d'une tringle. Cet instrument, destiné aux labours à plat, se trouve à l'Ecole impériale d'agriculture de Grignon.

Unè charrue sortie de la fabrique de ce grand établissement, se compose de toutes les pièces que l'on rencontre ordinairement dans les araires ; toutefois, le coutre est fixé à l'âge à l'aide d'un étrier semblable à celui que les Américains ont adopté, au lieu de s'y attacher par le moyen de boulons munis d'écrous. On sait combien ces boulons diminuent la force et la solidité de l'âge.

Il suffit d'appuyer verticalement sur la tige du régulateur, qui a une disposition spéciale, pour obtenir *l'entrure* que l'on désire.

Le versoir a une forme telle, qu'il renverse la bande de terre suivant une inclinaison de 45 degrés.

Le labour exécuté à Trappes par cet instrument, concurremment avec les charrues anglaises, a été jugé très bon. Il est un de ceux qui ont paru offrir moins de résistance.

L'araire de Grignon, en bois et en fer, coûte 45 francs.

La même fabrique a exposé un instrument connu sous le nom de *rigoleur*, et qui peut être employé, soit pour ouvrir des rigoles dans les prairies que l'on veut arroser, soit dans les terrains susceptibles d'être desséchés par le drainage.

Cette charrue rigoleuse, inventée par M. François Bella, se compose d'un régulateur, d'un sabot qui règle la profondeur de la rigole, de coutres coudés qui tranchent les parois de la rigole, et d'une coutrière en fonte à travers laquelle passe l'âge. Cette coutrière présente plusieurs mortaises correspondantes à autant d'ouvertures pratiquées dans une pièce mobile intérieure destinée à fixer le coutre de droite plus ou moins près de l'âge, suivant la largeur à donner aux rigoles. Comme on le voit, cet instrument permet d'obtenir des rigoles plus ou moins profondes et plus ou moins larges.

La terre, bien tranchée verticalement par les coutres, et horizontalement par le soc, est renversée sur le bord de la rigole, du côté droit, par le versoir. On l'enlève après le travail de la rigoleuse.

La Commission s'est livrée avec la plus grande attention à l'examen des instruments étrangers.

Un araire en fer d'un modèle moyen, exposé par M. Frederiksvark, du Danèmarek, a paru bien construit. Il ne se vend que 47 francs.

Deux brabants belges doivent être l'objet d'une mention spéciale.

L'un de ces instruments construits par M. Romédenne, à Herpant, province de Namur, est tout en fer avec un seul mancheron. Cette charrue porte en avant du coutre un *soc écrouteur* que l'on peut élever ou abaisser à volonté. Il opère avant la charrue même, mais il ne fait qu'un labour très léger et tout à fait superficiel.

L'écrouteur agit à quelques centimètres de profondeur et renverse dans la raie les diverses plantes qui se trouvent, par ce fait, toujours très bien enterrées sous la bande de terre.

Une charrue avec écrouteur produit surtout de bons effets dans les terres couvertes de mauvaises herbes.

Le versoir du brabant de M. Romédenne s'ouvre plus ou moins, à l'aide d'une traverse percée de trous que l'on fixe par le moyen d'une cheville ou broche. Ce versoir est composé de deux parties : la première, en avant, est fixe; la deuxième, en arrière, est mobile.

Cet instrument coûte 125 francs, non compris les frais de transport et de douane.

L'autre brabant a été inventé par M. Tixhon (Joseph), constructeur d'instruments d'agriculture, à Fléron, province de Liège:

Le versoir peut s'enlever. On adapte alors à la charrue un *sous-sol* qui remue la terre plus profondément et la laisse en place.

Cet instrument devient donc tantôt brabant avec versoir, tantôt charrue-sous-sol sans versoir.

Il coûte 95 francs, y compris le *sous-sol*, à la fabrique de M. Tixhon.

Il n'a, comme le précédent, qu'un seul mancheron et le versoir se compose également de deux parties, l'une fixe, l'autre mobile.

L'âge et le mancheron sont en bois. Le reste est en fer et en fonte.

Le talon peut aussi se mouvoir à volonté.

Les charrues anglaises, d'une construction si parfaite, se distinguent par trois caractères spéciaux :

1° Elles sont toutes en fer, ce qui les rend plus solides et évite les réparations annuelles auxquelles les charrues en bois sont généralement assujetties ;

2° Les versoirs, d'une grande longueur, ont une forme particulière qui diminue la résistance, donne des bandes de terre renversées à 45° et des arêtes très-sensibles sur lesquelles la herse a plus d'action ;

3° Les avant-trains sont disposés de manière à ce que le tirage s'opère directement sur la résistance, afin qu'il n'y ait pas de décomposition de force. Les roues ne servent que de support.

La Commission a particulièrement remarqué la charrue Howard et la charrue Ransomes.

La charrue Howard a deux rouelles inégales pour avant-train ; elle possède un soc écrouteur comme les brabants belges. Son coutre, fixé par un écrou, bascule sur lui-même et peut prendre l'inclination voulue. La longueur totale du versoir est de 1m 50. Cette charrue, essayée à Trappes, a exécuté un très bon labour ; elle place régulièrement la couche de terre détachée par le soc, de telle sorte, que les herbes sont bien retournées et présentent les racines en l'air.

Cet instrument coûte 115 fr. pris en Angleterre.

La charrue Ransomes a beaucoup de ressemblance avec la précédente ; elle n'en diffère guère que par le tirage qui a lieu à l'extrémité de l'âge. Dans la charrue Howard le point d'attache se trouve sur la résistance.

La Commission a dû comparer ces divers instruments aux trois systèmes de charrues généralement employées dans le département de la Somme, à la charrue dite picarde, au brabant et à la charrue Wasse.

Les brabants en usage n'offrent rien de particulier dans leur construction.

Le sep de l'ancienne charrue picarde est formé d'une énorme pièce de bois de 12 à 15 centimètres carrés. Les versoirs sont fixes et le fer a deux ailes.

Par suite de ces dispositions et de frottements considérables occasionnés par les diverses parties qui la composent, la charrue picarde exige une grande force de traction, et pénètre très difficilement dans le sol qu'elle ne remue d'ailleurs qu'inparfaitement.

Quelques amelioralions ont été apportées à cet instrument.

La première modification consiste dans la division du versoir en deux parties, l'une mobile, la plus rapprochée du sol, et l'autre fixe. La partie mobile, l'oreille, devait être dressée et ouverte, à chaque tour, du côté où la terre devait être renversée.

Cette légère amélioration avait pour effet de diminuer les frottements et de rendre le travail des chevaux moins pénible. Plus tard, les versoirs entiers ont été rendus mobiles.

Wasse, cultivateur à Cagny-lès-Amiens, introduisit, en 1836, des améliorations radicales dans la charrue picarde, qu'il transforma en un instrument de premier mérite.

Dans la charrue Wasse l'aile du soc est mobile et par conséquent *unique*. L'instrument pénètre donc sans difficulté dans le sol, puisqu'il n'agit que du côté où il est nécessaire de soulever la tranche de terre.

Les labours exécutés à l'aide de cet instrument ne laissent point de banc non remué entre les sillons; la terre glisse facilement sur les versoirs de forme convexe et le tirage se trouve diminué ; ils retournent la bande de terre en entier et recouvrent complètement le fumier.

Le sep est en fer, il présente peu de largeur, donne peu de frottements et permet à la charrue de s'enterrer sans efforts. Elle ne tasse point le sous-sol comme les charrues à large talon.

La charrue Wasse, montée sur un avant-train, retourne sur la même raie à cause de son aile et de ses versoirs mobiles. Dans les terrains ordinaires, elle exige la force de deux chevaux.

Le prix de cet instrument varie entre 100 et 120 francs.

Fouilleuses.

Les labours ordinaires ne suffisent point toujours pour mettre le sol dans de bonnes conditions de culture; il est quelquefois nécessaire encore d'atteindre le sous-sol. On emploie, à cet effet, des charrues fouilleuses.

Parmi ces dernières, il convient de citer les fouilleuses exposées par l'Ecole d'agriculture de Grignon, par M. Bazin, du Mesnil-Saint-Firmin (Oise) et M Gustave Hamoir, de Saultain (Nord).

Ce sont des araires qui consistent surtout en des socs attachés à des seps et étançons; ils n'ont point de versoirs; ils remuent le sol profondément sans rien ramener à la surface, en suivant le plus souvent une charrue ordinaire qui ouvre le sillon.

Ces instruments coûtent de 50 à 90 fr.

Les plantes cultivées dans les terrains ainsi défoncés se trouvent placées dans les conditions les plus favorables à une végétation prompte et active. Aussi les récoltes de toute nature, et notamment les plantes racines, y acquièrent-elles une vigueur qui leur permet de supporter plus facilement l'inclémence des saisons.

Scarificateurs, extirpateurs, buttoirs, houes.

Après les charrues et les fouilleuses viennent se placer naturellement les scarificateurs, les extirpateurs et les buttoirs.

Ces instruments opèrent des binages et des buttages plutôt que de véritables labours.

Le scarificateur et l'extirpateur pénètrent, coupent et ameublissent la terre sans la retourner.

Le scarificateur fonctionne à l'aide des coutres qui se terminent par de longues et fortes dents en fer recourbées en avant.

L'extirpateur agit au moyen de lames triangulaires ou en fer de lance, espèces de socs qui avancent dans un plan horizontal.

Ces instruments diffèrent surtout de la herse par les roues dont ils sont munis, et qui en facilitent la marche et règlent l'action.

La Commission recommande l'extirpateur à sept ou à neuf socs de M. Gratien-Desavoye, cultivateur à Rieux-Hamel (Oise). Cet instrument, tout en fer, procure une économie de temps considérable ; son mécanisme est tellement simple, qu'il peut être employé par tous les ouvriers de ferme, sans renseignement préalable.

L'extirpateur à cinq socs, de William Dray, (Angleterre), du prix de 500 fr., a paru devoir être mentionné. Il est parfaitement établi. Son régulateur permet d'enfoncer les socs plus ou moins profondément. Il est aussi muni d'un levier sur lequel il suffit d'appuyer pour faire lever l'instrument afin de le débourrer. Les socs tranchants coupent les chardons et autres mauvaises herbes.

Un scarificateur ou herse à couvrir, de M. Bodin (Rennes), coûte 90 fr. A l'exception des roues qui sont en fonte, cet instrument est en fer.

L'arrondissement d'Amiens possède une très bonne herse connue sous le nom de herse Laurent. Sa forme consiste en un rectangle de 1 m. 50 de longueur sur 0 m. 75 de largeur. Elle porte trois rangées de dents en forme de coutres et de palettes, et ne coûte que 75 fr.

Parmi les houes, sorte d'instruments employés pour opérer les binages d'une manière économique, il convient de signaler une houe très simple de F. Penin, de Douai.

Rouleaux.

Le roulage exécuté à l'aide d'un cylindre pesant est, comme le hersage, une opération complémentaire du labour pour l'ameublissement du sol.

Au nombre des rouleaux exposés, se trouvait le rouleau brise-mottes, système Crosskill, avec disques en fonte et à pointes mobiles.

Le poids du rouleau Crosskill varie avec son diamètre; les plus lourds pèsent jusqu'à 1,800 et 2,000 kil. On construit ce rouleau à Grignon. Il coûte 550 fr. avec dix disques en fonte du poids de 690 kilog.

Sa puissante action, due à la disposition des cercles qui le composent et à son poids, le fait regarder comme l'instrument le plus énergique que l'on puisse employer pour ameublir les terrains rebelles à la culture.

Un rouleau en fer cannelé à disques mobiles, exposé par M. Stanley, et connu en Angleterre sous le nom de rouleau Cambridge, a paru devoir faire un bon travail : chaque cannelure est accompagnée d'un décrottoir qui enlève la terre au fur à mesure qu'elle s'attache au rouleau.

On emploie généralement cet instrument en Angleterre pour raffermir les blés au printemps, ou favoriser leur tallement. Son prix est de 450 fr.

Ce rouleau est plus énergique que ceux du même poids à surface cylindrique régulière; on conçoit, en effet, que le rouleau ne portant sur le sol que par les angles des disques, tout son poids agit sur de petites surfaces, et a, conséquemment, plus de puissance pour diviser les mottes. Toutefois, le rouleau Crosskill, en raison de la forme des dents et des coins qu'il possède, sépare les mottes en deux sens perpendiculaires l'un à l'autre, et les pulvérise plus complètement.

Le rouleau Cambridge ne les attaque que dans un seul sens.

Le *rouleau brisé* n'est autre chose qu'un rouleau ordinaire en fonte; mais, au lieu d'être formé d'un seul cylindre creux, il se compose de plusieurs cylindres réunis bou à bout, indépendants les uns des autres, et pouvant tourner dans des sens différents.

L'avantage que présente le rouleau brisé sur le rouleau ordinaire est celui-ci : dans les tournées, lorsqu'une extrémité s'avance, l'autre extrémité suit un mouvement inverse. Le rouleau ordinaire pivote sur place sans tourner ; il en résulte des déplacements de la surface du sol, et l'inconvénient est grave, surtout dans les terres ensemencées.

Semoirs.

On sème à volée ou en lignes avec un semoir. Les opinions des agronomes sont encore partagées sur la question de savoir laquelle des deux méthodes doit être préférée.

Il est incontestable qu'il y a économie sur la quantité de semence, et que celle-ci se répand plus régulièrement par l'emploi du semoir.

Cet instrument ne peut fonctionner convenablement que sur une terre bien préparée. Entre autres avantages, les semis en lignes présentent donc celui de contraindre, pour ainsi dire, le cultivateur à réduire son sol en poussière par des labours et des hersages réitérés.

On distingue parmi les semoirs, les *semoirs à main* et les *semoirs à cheval.*

Les premiers sèment une ou deux lignes à la fois.

Les semoirs à cheval forment deux catégories : les *semoirs à graines*, les *semoirs à graines et à engrais.*

Les semoirs construits à Grignon, ceux de MM. Jacquet-Robillard et Crespel-Delisle, d'Arras, sont solidement établis et très répandus dans les départements qui nous entourent.

La Commission a plus particulièrement remarqué les semoirs de Grignon. Ils sont à cuillers. Ce système a l'avantage d'opérer sous les yeux du semeur qui peut ainsi voir aisément si rien n'engorge les alvéoles et si les jets sont réguliers.

Les cuillers peuvent aisément varier, tant en nombre qu'en dimension, ce qui permet de semer toute espèce de graines en quantités variables.

Le semoir n° 4 à sept tubes, du poids de 164 kil., coûte 250 fr. Cuillers de rechange, la pièce de 0 fr. 75. Il ne sème pas l'engrais avec la semence.

Il sème sept lignes à 0m 20, et par conséquent peut convenir pour les céréales, ou quatre lignes à 0m 40 pour carottes, colza, betteraves à sucre, ou enfin trois lignes à 0m 60 pour betteraves à bétail.

Cet instrument, très simple dans sa construction, est supérieur aux semoirs à brosse. Ces derniers présentent, en effet, des inconvénients de diverse nature : la brosse s'use en peu de temps et la graine se répartit alors inégalement.

Le semoir n° 5 à sept tubes, du poids de 170 kilogr. et du prix de 300 fr., est disposé de manière à répandre, avec la graine, les engrais pulvérulents. — Il est muni de cuillers à grandeurs variables, instantanément et sans arrêter la marche de l'instrument et accompagné d'une houe qui s'adapte sur le train même du semoir.

Ces semoirs exigent un fort cheval.

Le sieur Guignault, ferblantier à Abbeville, a apporté quelques perfectionnements à un semoir à main, qui coûte 13 fr. 50 et qui peut semer environ 75 ares par jour.

Il se compose de deux troncs de cône juxta-posés par la plus grande base et tournant autour d'un axe auquel vient s'adapter un manche qui se termine par deux branches en fer. La graine s'introduit par une petite ouverture qui s'ouvre et se ferme à volonté. Une circonférence porte sur sa largeur quatre trous destinés à laisser passer la semence. Ces trous prennent des dimensions différentes par le moyen de coulisses qui s'y adaptent à volonté : on sème ainsi des graines de diverses grosseurs.

Douze tiges en fer appliqués sur le périmètre du semoir et se terminant par une sorte de calotte sphérique, produisent en s'appuyant sur le sol une petite secousse qui fait tomber la graine.

Tels sont, Monsieur le Préfet, les instruments qui ont été

l'objet d'une attention toute particulière dans la série des appareils employés en vue de développer et d'augmenter la production du sol.

En ce qui concerne les instruments dont se sert l'industrie agricole pour dépouiller le sol de ses récoltes, et faire subir aux produits de celles-ci toutes les transformations dont ils sont susceptibles, l'Exposition universelle présentait un riche et vaste sujet d'études.

Pour être méthodique, la Commission l'a rapporté à trois points principaux :

1° Aux instruments employés pour la récolte ;

2° Aux appareils préparant les produits sous les formes où ils sont vendus ou consommés ;

3° Aux machines en usage dans la meunerie.

1° Instruments employés pour la récolte.

Cette catégorie comprend les faux, serpes, faucilles, machines à moissonner, à faucher, râteaux à main, faneuses et râteaux à cheval.

Tout en cherchant à substituer le travail mécanique au travail de l'homme dans les opérations de la culture, on continuera cependant longtemps encore, dans de nombreuses circonstances, à se servir d'instruments à main, ainsi la petite et même la grande culture, emploieront pour leurs besoins journaliers, comme par le passé, la faux et le râteau ordinaires.

Ces instruments ont été l'objet d'une recherche particulière.

La Commission a remarqué une nombreuse collection de faux de Wurtemberg, envoyés par la compagnie d'exposition de Wurtemberg à Stuttgart. Cette compagnie est représentée à Paris par F. Hubert, rue Saint-Joseph, 8.

Outre l'aiguisage, la faux doit être battue plusieurs fois par jour.

Le battage s'effectue ordinairement à l'aide d'une enclume

et d'un marteau. Un petit appareil, exposé sous le n° 1275, par M. Dubois, mécanicien à Paris, a paru devoir remplir plus simplement le même objet. Son prix peu élevé, 10 fr., le met à la portée de tout le monde.

La Société patriotique économique de Bohême a envoyé les modèles de tous ses instruments aratoires parmi lesquels se trouvait un râteau américain pour ramasser le foin dans les prairies. Ce râteau se compose de dents très longues qui glissent horizontalement sur le sol et que l'on fait basculer sur elles-mêmes pendant la marche.

On a essayé, dans ces derniers temps, de remplacer, dans le moissonnage, le bras de l'homme par une puissance plus forte.

La mécanique agricole avait ici à résoudre un problème présentant des difficultés de diverses natures.

Il ne s'agissait pas seulement de mettre en mouvement une scie horizontale, destinée à couper le blé, il fallait encore opérer sur un terrain inégal où peuvent se rencontrer divers obstacles, et la machine devait, de plus, aller elle-même chercher la matière à moissonner.

Cet état de choses constitue une différence énorme avec les machines fixes, stationnaires, tels que les machines à battre qui, bien assises, n'ont qu'à agir sur les produits qui leur sont fournis.

Les expériences faites publiquement à Trappes, le 14 août dernier, et, depuis, dans plusieurs autres fermes, paraissent démontrer que la science mécanique, appliquée à l'agriculture, a surmonté une grande partie des difficultés qui se présentaient.

Les machines françaises à moissonner sont peu nombreuses.

Il n'en est pas de même en Angleterre et en Amérique où, sous le régime des conditions économiques différentes, on ressent le besoin de recourir à l'emploi des machines; l'Angleterre pour tirer parti de la même surface avec moins d'hommes ; l'Amérique pour faire produire un plus grand nombre d'hectares avec les ressources qu'elle possède en main-d'œuvre.

La moissonneuse (1) de M. Cournier de St-Romans (Isère), a paru présenter quelque avenir. Un cheval suffit pour la conduire. Elle coupe trois à quatre hectares par jour, et deux hommes peuvent la desservir.

Des couteaux sécateurs tranchent le chaume d'un seul coup et l'ébranlent moins que la scie. L'une des branches de ces couteaux est fixe et l'autre est mobile. — Les parties mobiles sont taillantes par les deux bouts, ce qui permet, quand l'un des bouts ne coupe plus, de le remplacer par l'autre, car elles sont attachées aux parties fixes par un boulon à écrou.

Cette machine, du prix de 660 fr., n'est encore qu'une esquisse que le temps ne peut manquer d'améliorer. Elle ne s'applique point aux prairies artificielles. On assure que M. Cournier y apporte en ce moment des perfectionnements en vue de l'approprier aux besoins de notre agriculture.

Les machines américaines et anglaises, au contraire, sont à double fin : elles servent en même temps pour le *moissonnage* des céréales et le *fauchage* des prairies. Parmi ces dernières, quelques-unes ont bien fonctionné aux expériences officielles de Trappes.

La machine Atkins, exposée par M. Johns Wright, de Chicago (Etats-Unis d'Amérique), peut faire six à sept hectares par jour. Elle exige deux chevaux et occupe deux hommes.

Un râteau automatique à dents recourbées prend le grain coupé, et, en ramenant la javelle le long d'un râteau fixe,

---

(1) Divers renseignements sur ces nouvelles machines et quelques autres appareils ont été puisés dans le *Journal d'Agriculture pratique* et les *Annales de l'Agriculture française*.

il se relève, puis, tournant au moyen d'un engrénage, il va la déposer hors du train de la machine.

Elle a été vendue 1,010 fr. avec une lame de rechange.

La machine de William-Dray (Angleterre), que l'on a pu voir au dernier concours du Comice d'Amiens, supprime le volant destiné à presser le blé contre la scie. Elle exige deux chevaux.

A Trappes, elle a moissonné 22 ares 1[2 en 34 minutes. Le charretier est à pied, et un homme, placé sur un siége, rejette les tiges en arrière. Comme les chevaux reprennent, un moment après, leur première piste, il est donc indispensable de placer, de distance en distance, des ouvriers pour relever les tiges et les rejeter en javelles sur le côté. Il faut au moins quatre ou cinq personnes pour faire ce travail avec la promptitude nécessaire.

Prix de cette machine, 625 francs, prise en Angleterre.

La moissonneuse de Mac-Cormick (Amérique du Nord) est celle qui a le mieux réussi aux expériences de Trappes où elle a fonctionné avec une régularité parfaite. Le 2 août, elle a moissonné près de 20 ares en 17 minutes, et le 14 du même mois, 12 ares en 12 minutes. Deux chevaux conduisent cette machine qui peut être transformée en faucheuse en quelques minutes. La scie a environ 1m 50 de largeur. Le prix de cette machine, qui date de 1842, est de 750 fr.

Mac-Cormick est représenté à Paris, par M. Trechmann, boulevard des Italiens, 27, au bureau des Américains.

Le râteau de Grignon, tiré par un cheval, a été remarqué dans les concours. Cet instrument ramasse le foin. Lorsque le tas paraît assez grand, le conducteur fait basculer le râteau qui décrit un demi-tour d'arrière en avant, dépose la masse de foin, tandis que le second rang de dents se présente pour continuer la même opération.

Ce râteau a été inventé en Amérique. Il se vend 50 fr. à Grignon.

2° Appareils préparant les produits sous les formes où ils sont vendus ou consommés.

Les produits tirés du sol ont généralement besoin de subir certaines préparations avant d'être vendus ou consommés.

On emploie, à cet effet, des appareils de diverse nature, et l'on se livre à des opérations connues sous le nom de *battage* et de *nettoyage* des grains.

C'est aussi avec des instruments convenablement dressés que l'on hache la paille, lave et coupe les racines, broie ou concasse les grains, etc., etc.

§ 1er Battage des grains.

On bat le grain au fléau ou avec une machine à battre.

La battage au fléau fatigue beaucoup l'ouvrier. Il faut que celui-ci lève cet instrument assez lourd, au moins trente-cinq fois par minute et le fasse retomber, chaque fois, avec assez de force.

La lenteur de l'opération est un autre inconvénient.

On peut affranchir les ouvriers agricoles de ce travail dur et pénible en se servant de machines à battre.

Ces appareils se composent essentiellement de trois parties : les *cylindres alimentaires* qui présentent la paille, le *batteur* qui donne des coups secs, énergiques et répétés, et le *vanneur* qui sépare la balle du grain.

Plusieurs machines à battre ont été exposées. La Commission a examiné plus particulièrement celles de M. Dupetit, d'Amiens, de M. Duvoir, de Liancourt (Oise), et de M. Cumming, d'Orléans.

Les deux premières sont très répandues dans la Somme et dans les départements voisins. Divers perfectionnements y ont été successivement apportés.

La machine Dupetit coûte 1,500 fr.; celle de Duvoir 1,800 fr. pour deux chevaux, et 2,000 fr. pour trois chevaux.

Les accessoires de cette dernière consistent en un batteur

spécial à l'avoine, du prix de 100 fr. et en deux fonds pour les petites graines, tels que trèfle, minette, etc., du prix de 50 francs.

La machine Duvoir, y compris une machine à vapeur fixe, de la force de deux chevaux, se vend 3,500 fr. et 4,500 fr., avec une machine à vapeur de la force de quatre chevaux.

La machine à battre de M. Cumming est la seule qui ait fonctionné sous les yeux de la Commission, et dont elle ait pu pu, par conséquent, apprécier d'une manière spéciale le mécanisme et le travail. Elle conserve la paille pour ainsi dire intacte, et bat 100 gerbes de blé de 10 kilogrammes à l'heure. Le grain est très bien vanné. Elle coûte 1,800 fr. et exige la force de deux chevaux. Le manège est simple ; lorsque la machine est à toute vitesse, le cheval peut s'arrêter court : la barre d'attelle ne continue pas son mouvement circulaire.

Par le moyen d'une romaine avec ressort à boudin ou fil de laiton, adaptée à l'arbre du batteur, si l'on engrène trop fort, celui-ci se lève et laisse passer l'excès de paille ou tout autre obstacle, le batteur reprend ensuite sa position normale.

Un fond en tôle sert pour le battage des céréales; il s'enlève et se remplace par une plaque cylindrique à l'aide de laquelle on dépique les prairies artificielles.

Cette machine, jugée si favorablement aux Champs-Elysées, a obtenu une médaille d'or au concours régional de Bourges, en mai 1855. M. Minangoin, directeur des cultures à la colonie de Mettray, et qui a présenté le rapport sur les instruments agricoles, s'est exprimé dans ces termes au sujet de cet appareil :

» La machine de M. Cumming, a-t-il dit, déjà primée
» au dernier concours de Nevers, s'est présentée avec l'ad-
» dition d'une locomobile de la force de quatre chevaux,
» remarquable par son petit volume et sa légèreté. Le

» constructeur a apporté, en outre, dans tous les détails de » sa machine, un fini d'exécution qui est indiqué par l'ab- » sence d'oscillation et de bruit dans le mouvement. Il a » donné plus de légèreté à son cylindre batteur, et, par une » modification très simple, il opère le battage de la graine » de trèfle. »

La Commission s'est arrêtée à la batteuse de M. Pinet, d'Abilly (Indre-et-Loire.)

Cette batteuse, du prix de 300 fr., ne présente, par elle-même, rien de remarquable. Il n'en est pas ainsi de son manège.

La vapeur est le moteur le plus puissant, et, en même temps, le plus économique ; mais le prix élevé de la machine, la difficulté d'avoir des mécaniciens pour l'entretenir, la réparer et la conduire, font que, pendant longtemps encore, les chevaux et les bœufs serviront de moteurs dans le plus grand nombre de nos fermes. La plus simple de toutes les locomobiles exposées coûte, en effet, 2,500 fr.

C'est pour utiliser la force motrice des animaux que l'on a recours aux manèges.

Jusqu'ici les Anglais avaient conservé sur nous un certain avantage. Le manège de M. Henry Barrest, était généralement considéré, malgré son mécanisme un peu compliqué, comme une des meilleures machines de ce genre. Ils sont aujourd'hui dépassés par le manège de Pinet, qui réunit toutes les conditions d'une bonne et utile machine : simplicité, facilité de transport et, enfin, rusticité du mécanisme. Les réparations en sont possibles partout.

Ce manège coûte 625 francs pris en gare à Port-de-Pile, entre Tours et Poitiers ; il est construit pour aller avec deux chevaux, mais un seul fait marcher sans peine la petite batteuse.

Le cheval qui met en mouvement ce manège portatif peut s'arrêter brusquement au milieu de sa course, ou opérer un mouvement de recul, sans qu'il en résulte aucun inconvénient. Cet avantage est dû à la poulie du manège où se trouve un système d'encliquetage bien simple qui sert de crochet compensateur.

On a remarqué, parmi les instruments du Canada, une machine à égrener le trèfle, de 75 francs. Elle consiste en un cylindre en tôle, qui frotte sur une plaque du même métal, percé de trous rebroussés à l'intérieur.

Quelques personnes ont recommandé l'usage de petites machines à battre à bras. Sans doute ces appareils sont d'une extrême simplicité. La Commission pense, cependant, que si l'on veut conserver la force de l'homme dans l'opération du battage des grains, il est préférable d'employer le fléau qui est, sans contredit, la meilleure de toutes les machines à battre à bras.

Le prix de revient du battage d'un hectolitre de blé au fléau atteint au moins un franc. Il ne coûte guère que la moitié avec une machine à battre, et ce qui vaut mieux qu'une réduction considérable dans la dépense, c'est l'économie de temps avec la liberté de choisir l'époque la plus convenable pour cette nature de travaux.

En généralisant l'emploi de machines agricoles, on produira à de meilleures conditions. Le cultivateur réalisera donc, par la vente de ses produits, à un prix moins élevé, les mêmes bénéfices que s'il continuait de se servir d'ustensiles et d'appareils non perfectionnés et manquant de puissance. Il importe que cette dernière observation, considérée au point de vue de l'alimention publique, n'échappe point à l'attention des agriculteurs.

On sait, d'ailleurs, que les machines ne diminuent point la somme de travail, et qu'elles n'affectent pas le taux des salaires.

Il est par conséquent, du plus grand intérêt de chercher à favoriser l'adoption et la propagation des machines agricoles de toute espèce.

En ce qui concerne le battage des grains, les cultivateurs qui ne pourraient acheter de machines à battre, les loueraient soit à des constructeurs, soit à des particuliers. Vous avez bien voulu, Monsieur le Préfet, procurer aux fermiers le moyen d'entrer dans cette voie, en autorisant, le 11 février dernier, un propriétaire de Parthenay, à faire usage, dans le département de la Somme, de machines à vapeur locomobiles, destinées à dépiquer les céréales et les graines fourragères.

§ 2° Nettoyage des grains.

Quand les grains sont séparés des épis, il faut, avant de les livrer à la consommation, les purger de la menue paille, des balles, des graines étrangères, etc., qui s'y trouvent.

Le trieur-Vachon (Lyon) combiné avec ventilateur, émotteur et crible, est l'instrument agricole qui a paru l'emporter, pour l'épuration des grains, sur tous ceux qui étaient exposés sous le hangar réservé à l'agriculture.

Cet appareil repose sur cette idée, que des trous d'un diamètre convenable, percés dans une tôle de trois millimètres environ d'épaisseur et fermés en dessous de manière à former des espèces d'alvéoles, offrent un logement aux graines rondes et graviers sans retenir les grains de blé que l'on veut nettoyer.

Toutefois l'application de ce principe n'aurait fait de l'instrument de MM. Vachon qu'une machine exclusivement destinée à purger les céréales de la vesce, gesse, lentillon, de la nielle, etc. Or, il importe aussi de séparer les grains de la poussière, des balles et otons, de l'ivraie, de la folle avoine, etc., etc.

Après bien des essais et des tâtonnements, MM. Vachon ont réussi à créer un appareil accomplissant en même temps les quatre opérations suivantes nécessaires à une bonne épuration :

1° *Il ventile*, c'est-à-dire chasse du grain la poussière, les balles et en général tous les corps plus légers ;

2° *Il émotte*, c'est-à-dire purge le blé des graines, gravier, terre, etc., en un mot de tous les corps plus lourds ;

3° *Il crible*, c'est-à-dire sépare du bon blé, les blés maigres, la folle avoine, la majeure partie de l'ivraie, les bromes, en résumé presque tous les corps étrangers plus petits ;

4° Enfin *il trie*, c'est-à-dire purge les blés des graines rondes ou à peu près, des graviers, des terres, etc., de même grosseur que le blé.

Il n'est pas nécessaire de faire ressortir les avantages que l'agriculture et la meunerie peuvent tirer de l'emploi de cet appareil.

Le même instrument s'applique au nettoyage des seigles, des orges et des avoines.

Ce trieur cylindrique coûte 325 fr. (diam. du cyl. 0^{m} 40, longueur 1^{m} 25).

Il fait de dix à vingt hectolitres de blé en douze heures avec un homme et un enfant.

MM. Vachon ont renoncé, en septembre dernier, au bénéfice de leur brevet d'invention, dont le privilége avait encore six années de durée.

Il y a lieu d'espérer que cet instrument pourra être fabriqué à un prix qui permettra aux agriculteurs de l'introduire dans leur exploitation.

Un autre trieur à bascule et à travail intermittent a été exposé par les mêmes constructeurs.

Il se compose d'une table inclinée et couverte d'une feuille de forte tôle trouée, supportée par deux pieds flexibles, bien que fixés sur une traverse.

On verse le grain à nettoyer dans le petit compartiment qui se trouve au sommet de la table, et on imprime à celle-ci, en la saisissant avec les deux mains sur l'un des bords, un mouvement continu de va et vient. Le grain glisse sur la surface de la table et tombe dans un tube en toile.

Pendant le trajet, au contraire, la nielle (*lychnis githago*), le gratteron, etc., etc., se logent dans les alvéoles de la feuille de tôle. Quand ces alvéoles sont en partie remplies de graines, on retourne la table en arrière en desserrant la courroie qui l'empêche de basculer, et les mauvaises semences tombent à terre.

Le prix de cet instrument, d'une grande solidité, varie avec les dimensions qui lui sont données. Le n° 2, qui nettoie dix hectolitres en douze heures, coûte 100 fr. sans trémie et 125 fr. avec trémie.

Le n° 3, qui nettoie quinze hectolitres par jour, coûte 150 francs sans trémie et 175 fr. avec trémie.

Enfin le n° 4, qui peut nettoyer vingt hectolitres, se vend 200 fr. sans trémie et 225 fr. avec trémie.

La Commission recommande sans réserve et d'une manière toute spéciale le crible-trieur cylindrique de M. Pernollet, de Ferney-Voltaire (Ain). Cet instrument, acheté par M. le comte Léon de Chassepot, président de la section de l'agriculture, se compose de plusieurs parties bien distinctes. L'une d'elles, la plus rapprochée de la trémie ou réservoir alimentaire, laisse passer la poussière, le sable, les grains chétifs, rabougris, et les petites semences de mauvaises herbes.

Le blé arrive ensuite sur la seconde partie percée de trous différents. Alors les grains de volume moyen, destinés à la meunerie, tombent dans un deuxième réservoir.

Quant aux graines de froment de premier choix, elles arrivent dans un autre compartiment du crible. Cette dernière partie, formée de trous d'une plus grande dimension encore, est traversée par toutes les semences de blé et les plus gros grains.

Les pierres, les petits graviers descendent à l'extrémité du cylindre et sortent de l'appareil.

Ce crible-trieur est mis en mouvement par une manivelle. La force d'une femme ou d'un enfant suffit. On doit tourner lentement, afin que le blé soit sans cesse agité dans le cylindre.

Ce dernier est en tôle étamée. Lorsqu'il est régulièrement alimenté, et qu'il fait de 35 à 40 tours au plus par minute, on nettoie environ vingt à vingt-cinq hectolitres de blé par jour. Son prix est de 110 fr. à la fabrique.

Les tarares envoyés à l'Exposition universelle étaient la plupart connus.

La Commission a cependant remarqué parmi ces ustensiles le tarare-Hornsby (Angleterre), dans lequel on règle la quantité de vent nécessaire pour le nettoyage du grain a l'aide d'une petite planchette placée à la partie antérieure (prise de vent) de la grille qui pivote sur elle-même. Cette planchette est fixée dans la position qu'elle doit avoir par une goupille que l'on place dans un trou pratiqué à cet effet à l'une des parois latérales.

En avant de la trémie et au dessus des passoirs, il existe un cylindre en bois, armé de pointes de fer destinées à faciliter la séparation de la balle qui sort de la trémie.

Ce tarare possède douze numéros différents de trémies. Malheureusement son prix est de 350 fr.

Un tarare du Canada a paru devoir être mentionné. Il est plus large que les nôtres, les engrenages sont placés en dedans du ventilateur, au lieu d être en dehors où ils sont rapidement encrassés par la poussière. Le grain tombe naturellement dans la partie postérieure de la trémie, parce que la table qui le reçoit est horizontale. Cette disposition pourrait être appliquée aux tarares construits dans le Département. Le prix de cet appareil est de 150 fr., mais il paraît qu'on le fabriquera bientôt à Paris au prix de 100 fr.

La Commission a cru utile de comparer ces divers instruments aux nettoyeurs choisis par le comité d'admission de la Somme pour figurer au Palais de l'Industrie.

M. Jérosme (François-Victor), d'Amiens, a exposé divers appareils recherchés par les cultivateurs pour nettoyer les grains.

Ces instruments consistent en un nettoyeur-trieur, un

ventilateur-trieur et un instrument spécial pour enlever la nielle des blés.

La première machine possède des batteurs-brosseurs qui nettoient complètement les blés noircis par le charbon ou la carie. Elle purifie également toutes les autres espèces de grains. Son prix atteint 300 fr., y compris les cribles de rechange. La force d'un homme suffit pour préparer de trois à six hectolitres à l'heure.

Le ventillateur-trieur est un tarare perfectionné. Il trie les grains au moyen de cribles qui se changent à volonté et les épure par une ventillation particulière. Il coûte 150 fr. et peut nettoyer 6 hectol. à l'heure.

Quelques graines étrangères sont assez difficiles à enlever, notamment la nielle qui est à peu près aussi grosse et aussi pesante que le blé. M. Jérosme la fait disparaître à l'aide d'une machine où se trouve une toile continue en laine feutrée à laquelle vient s'attacher cette graine ronde et couverte de petites aiguillettes. Cet instrument, du prix de 150 fr., nettoie 4 hectol. à l'heure.

La Commission a encore examiné des machines analogues exposées par MM. Jérosme frères, d'Amiens et Ulysse Dubois, menuisier, à Revelles.

Un tarare construit par ce dernier criblerait 5 à 6 hectol. de grains à l'heure. Il coûte 50 fr. avec les 4 cribles principaux. Différents numéros peuvent être adaptés à cet appareil qui nettoie les graines les plus fines comme les plus grosses. Un homme peut l'entretenir en mouvement.

La modicité du prix et les résultats obtenus par le travail de cet instrument, qui enlève toute espèce de mauvaises graines, le recommandent à la grande et à la petite culture.

§ 5e *Hache-paille, coupe-racines, concasseurs, écrase-pommes, laveurs de racines et appareils pour faire cuire les légumes, barattes.*

I. Hache-paille. — En 1832, M. de Dombasle reconnaissait l'importance que présente, dans l'alimentation du bétail, l'usage de lui faire consommer le fourrage haché.

On se servait à cette époque de hache-paille à mouvement alternatif, et dont la manœuvre offrait quelque difficulté.

Il fallait apporter à cet appareil des modifications qui rendissent sa marche indépendante de l'adresse de l'ouvrier.

On y parvint en imprimant un mouvement circulaire aux couteaux, à l'aide d'une manivelle. Un disque en fonte formant volant, est armé de lames courbes qui coupent, à chaque tour, les fourrages placés dans une sorte d'auge ou de tiroir.

Les matières à découper sont amenées par des cylindres cannelés.

Un contre-poids pèse sur l'étrier destiné à comprimer la paille dans le tiroir au moment où elle va être coupée.

Parmi les hache-paille exposés, la Commission a principalement remarqué :

1° Les hache-paille rotatifs de MM. Quentin-Durand, ingénieurs-mécaniciens à Paris, rue des Petits-Hôtels, n° 27.

Lames en hélices à coulisses, montées sur tambours en fonte, et cylindres alimentaires, engrenages et volant en fonte, bâtis en bois.

La première dimension (trois lames) coupe environ 60 kilog. à l'heure. — Prix 100 fr., non compris l'emballage.

La deuxième (trois lames) coupe 70 kil. à l'heure. — Prix 135 fr.

La troisième (quatre lames) coupe 90 kil. à l'heure. — Prix 160 fr.

La même, avec deux poulies en fonte pour l'appliquer au manége, coupe 135 kil. à l'heure. — Prix 180 fr.

Grande dimension (quatre lames) pour manège. — Prix 250 fr.

La même dimension (six lames) applicable au manège pour faire le son de paille. — Prix 500 fr.

2° Les hache-paille de M. Laurent de Paris.

La manivelle fait mouvoir le volant auquel sont attachées deux lames courbes, bien tranchantes, posées un peu obliquement relativement au plan dans lequel se met le volant. La paille placée dans le tiroir est poussée en avant par un mécanisme très-simple.

Le poids qui comprime la paille est relégué au-dessous de l'instrument. Ces appareils coûtent de 150 à 350 fr.

3° Le hache-paille de M. Van-Mael (Belgique).

Les couteaux prennent la paille de biais et produisent l'effet de la scie. Le contre-poids destiné à comprimer la paille dans le tiroir est placé au-dessus de l'instrument.

Il coûte 180 fr. pris en Belgique.

4° Le hache-paille de M. W. Dray et Cie (Angleterre). Un enfant peut manœuvrer la plus petite dimension, qui se vend 100 fr. pris en Angleterre.

Le n° 2 est garni de rouleaux à dents profondes qui ramènent en avant le fourrage, sans qu'il y ait engorgement. —Prix 125 fr.

Le n° 3 est entièrement en fer et, pour cette raison, reste très-ferme pendant qu'on s'en sert. Cet avantage si important manque dans toutes les machines montées sur bois. — Prix 185 fr.

L'appareil n° 4 est exactement de même construction, mais il est assez grand pour être mis en action par la vapeur ou toute autre force. On peut aussi l'employer comme machine à bras. — Prix 250 fr.

5° Enfin le hache-paille Cornes (Angleterre), dont le prix varie de 75 à 350 fr., suivant le n° de l'instrument.

II. Coupe-Racines. — On a imaginé divers instruments qui abrégent et facilitent le travail nécessaire pour découper les racines employées à la nourriture du bétail.

Ces instruments se composent généralement d'un disque vertical en fonte armé de 2, 4 etc. couteaux qui se présentent successivement à l'orifice d'une trémie dans laquelle on place les racines que l'on veut diviser.

La Commission a particulièrement examiné :

1° Le coupe-racines de M. Durant, de Blercourt (Meuse), qui se distingue par sa simplicité et la facilité avec laquelle il peut être mu et la modicité de son prix.

Un chassis en bois est fixé, par son bord inférieur, à un mur et soutenu à son bord supérieur par un support de 0,m 80 de hauteur. La partie médiane de ce chassis est traversée par une trémie dans laquelle joue une planchette armée de lames d'acier à deux tranchants.

Lorsqu'on veut se servir de ce coupe-racines, on remplit la trémie de betteraves ou de carottes, et, avec la main, on imprime à la planche qui porte les secteurs un mouvement de va et vient. A chaque course de la planche, les couteaux détachent une partie des racines qu'ils attaquent, et les morceaux tombent dans un panier placé sous l'instrument.

Ce coupe-racines permet à un enfant de diviser environ 100 kil. de racines par heure.

Il coûte 30 fr., emballage non compris.

2° Le coupe-racines de M. Laurent, de Paris.

Cet instrument est monté sur un bâtis en bois très-simple et très solide ; on jette dans la trémie la betterave, qui, glissant le long de la pente pratiquée sur le côté opposé à la roue, vient s'appuyer sur la paroi verticale dans laquelle est encadrée la roue pleine. Des lames dentées et tranchantes sont solidement attachées à cette roue et pénètrent obliquement dans son épaisseur. Comme les dents des couteaux dépassent de quelques millimètres la surface intérieure de la roue, lorsque celle-ci est mise en mouvement, les betteraves sont aussitôt entamées par ces dents et débitées en lames minces et étroites.

Les coupe-racines de M. Laurent se vendent de 100 à 180 fr.

3° Le coupe-racines de MM. Quentin-Durand, ingénieurs-mécaniciens

La trémie est à claire-voie et rend facile le nettoyage de betteraves bifurquées qui contiennent souvent de la terre adhérente à leur enveloppe

Les lames ne sont pas dentées ; mais une petite lame verticale recoupe les tranches coupées par le couteau.

Cet instrument coûte de 55 à 130 fr.

4° Le coupe-racines de Grignon.

Il se compose d'un bâtis surmonté d'une trémie oblique au-dessous de laquelle est placé un tronc de cône garni d'un nombre variable de couteaux qui pivotent sur leur axe, afin que l'on puisse aisément, au moyen de vis de pression, les éloigner ou les rapprocher.

A l'aide de cette disposition, on divise les racines en tranches ou en lanières de diverses grosseurs et épaisseurs.

Cet instrument se vend 100 fr. à Grignon.

5° Le coupe-racines à double action de MM. Ransomes et Sims (Angleterre)·

Les racines tombent sur un cylindre creux. Ce cylindre, qui occupe tout le fond de la trémie, est mis en mouvement par une manivelle et un volant. Selon que l'on tourne la manivelle de droite à gauche, ou de gauche à droite, les racines sont débitées en prismes pour l'usage des moutons, ou en lames pour les bêtes à cornes.

La colonie agricole de Mettray possède un instrument analogue très solidement construit, du prix de 125 fr.

6° Un coupe-racines de Maurer (Grand-Duché de Bade).

Cet instrument est énergique et très solide.

Les racines subissent diverses transformations successives en traversant le coupe-racines de M. Maurer destiné aux grandes exploitations. Il coûte 625 fr.

Rien n'empêche de le construire sur une petite échelle, et d'en faire un instrument qui pourrait être placé dans la plupart des fermes.

III. Concasseurs, écrase-pommes. — C'est en concassant les grains, en les réduisant en une farine grossière, que l'on parvient à mieux nourrir les animaux avec moins de produits.

L'économie réalisée par l'usage de concasseurs est si grande, qu'elle couvre, en peu de temps, les dépenses que l'on a dû faire pour les acquérir. On sait, en effet, combien est considérable la quantité de grains que les animaux ne triturent pas.

Parmi les instruments de cette nature, la section d'agriculture a remarqué :

1° Un concasseur de MM. Ransomes et Sims, très bien conditionné.

Cet appareil se compose de deux cylindres pleins, diversement cannelés, et situés au-dessous d'une trémie destinée à recevoir le grain. Les cylindres tournent dans un sens opposé.

Cet instrument n'exige que l'emploi d'un seul homme ; il est très expéditif, si l'ouvrier qui le fait fonctionner a la précaution de ne pas laisser tomber à la fois de la trémie, sur les cylindres, une trop grande quantité de grains d'avoine, d'orge et de féverolles.

2° Plusieurs concasseurs de MM. Quentin-Durand, pour avoine, féverolles et tous grains. Le prix varie de 75 à 250 fr.

3° Un concasseur de tourteaux de la fabrique de Grand-Jouan, construit par Berg. On réduit à volonté les tourteaux en petits fragments ou en poudre grossière, en réglant l'instrument en conséquence.

Le concasseur exposé par M. Garett (Angleterre) produit le même effet. Ce dernier se vend à Londres 275 fr.

4° Un appareil de M. Train, mécanicien à Huy, (Belgique), pour concasser et moudre les grains. Cet appareil coûte 70 fr. pris en Belgique.

Il serait désirable qu'une addition y fût faite, de manière à envelopper la noix verticale, afin de recueillir la farine qui se perd.

5° Un concasseur d'avoine, de Kein, à Thann (Haut-Rhin),

très bien établi. Les deux cylindres s'éloignent et se rapprochent à volonté. Cet appareil peut concasser d'autres céréales.

6° Enfin, un écrase-pommes, de M. Lotz fils aîné, de Nantes, bien construit et parfaitement établi, du prix de 150 fr.

Cet appareil se compose de deux cylindres en fonte, armés de fortes dents, roulant sur eux-mêmes en sens opposé.

Les fruits, après avoir été ainsi écrasés, tombent dans un vase en bois, et sont portés ensuite sur le tablier d'un pressoir.

On écrase ordinairement les pommes ou les poires, dans le département de la Somme, au moyen d'une meule verticale qu'un cheval fait mouvoir dans une auge circulaire. Ce mode d'écrasement laisse beaucoup à désirer.

IV. Laveurs de racines et appareils pour faire cuire les légumes. — Il est essentiel, avant de diviser les racines, de les débarrasser de la terre qui est adhérente à leur surface.

Le laveur à bras et à hélice de M. Garett, du prix de 140 fr., est employé à cet effet.

Cet instrument qui paraît fort bon, pourrait être établi en France au prix de 60 à 80 fr.

Il consiste en un cylindre à claire-voie renfermant une petite vis d'Archimède. On le place dans un coffre pourvu de deux roulettes qui permettent de le transporter facilement.

Lorsque le coffre est rempli d'eau, on verse les racines dans le cylindre que deux hommes mettent en mouvement. En tournant, les racines passent à travers l'eau, se lavent et sortent nettoyées par l'une des extrémités du cylindre.

Une ouverture, pratiquée dans le bas du coffre, permet de faire écouler l'eau chargée de substances terreuses.

On rend les aliments plus nutritifs en les modifiant par la cuisson.

L'appareil Stanley est destiné à faire cuire, à l'aide de la vapeur, du foin, des racines et autres nourritures pour les bestiaux.

Il se compose d'un calorifère ayant la disposition d'une machine à vapeur. Au-dessus du foyer existe une chaudière, munie de deux robinets servant à mettre la vapeur en communication avec les appareils dans lesquels se trouvent les légumes que l'on veut faire cuire. On peut utiliser l'un des récipients pour faire la lessive.

Cet appareil coûte 312 fr. à Londres.

V. Barattes. — La préparation du beurre constitue une branche importante de l'industrie agricole.

Les instruments employés à cet effet opèrent, les uns sur la crême, les autres sur le lait frais. Ils doivent donner accès à l'air pendant le battage.

Une température moyenne est également nécessaire pour battre promptement et faire de bon beurre.

Les procédés et instruments employés dans le Département sont généralement imparfaits ; il serait utile et avantageux d'y introduire :

1° La baratte Valcourt, que l'on regarde, à bon droit, comme l'une des meilleures pour les exploitations qui ne se livrent pas en grand à la fabrication du beurre.

M. Lavoisy a perfectionné, dans ces derniers temps, cette bonne baratte. Dans le but de rendre plus régulier le moument des ailes qui agitent la crême ou le lait, il a adapté, à l'une des extrémité de l'arbre des agitateurs, une roue qui vient s'engréner avec un pignon placé à l'extrémité de la tige de la manivelle. Par cette disposition, l'agitateur a des évolutions régulières, et il rend plus active la séparation des parties butyreuses que le lait tient en suspension.

Elle repose sur un bassin dans lequel on verse, selon la saison, ou de l'eau chaude ou de l'eau froide.

La baratte de M. Lavoisy a été essayée à Londres, comparativement avec dix-huit autres barattes. Avec deux litres 27 centilitres de crême, on aurait obtenu, en deux minutes, un kilogramme de beurre.

2° Les barattes rotatives, semi-métalliques, à bain-marie de MM. Quentin-Durand.

Les prix, sans baignoire, varient comme il suit : pour un demi-kilog. de beurre, 22 fr.

Les capacités en plus se paient à raison de 5 fr. par chaque demi-kilog.

3° La baratte de M. Claës de Lembeck (Belgique). Elle est toute en bois et d'une construction simple. L'axe tournant sur lequel sont insérées des ailes, s'engrène avec un râteau immobile dans le mouvement de rotation qui lui est imprimé par la manivelle. Ce râteau est destiné à détacher les globules butyreux qui viennent adhérer aux ailes des agitateurs lorsque le beurre commence à se former.

Pour vider le cylindre, il suffit de lâcher un crochet, afin que l'appareil bascule et verse le petit lait.

Avec 60 litres de lait, la baratte Claës aurait donné, en trois quarts-d'heure environ, un peu plus de 2 kilog. de beurre.

4° La baratte dite centrifuge, de M. Stiernsward (Suède), exploitée par M. Girard, 120, rue Lafayette, à Paris.

Cet appareil, très ingénieux, est construit en fer blanc. Il est monté sur un simple bâtis en bois, ce qui le rend d'un transport très-facile.

Cette baratte possède intérieurement une turbine à air que fait agir le mouvement de rotation des ailes. Cette turbine, pendant la fabrication du beurre, aspire l'air, et le chasse dans la masse de lait agitée en tous sens.

Cette disposition permet de baratter du lait frais, et prouve l'influence que l'air exerce sur la séparation des parties butyreuses.

Les prix de ces barattes, prises à Paris, sont : pour 13 litres, 40 fr.; 26 litres, 50 fr.; 52 litres, 140 fr.; 78 litres, 160 fr., et 130 litres, 240 fr.

On sait que le lait, privé de beurre, est encore mangeable et qu'on en peut faire des fromages.

La baratte centrifuge convient principalement aux grandes exploitations qui ne peuvent vendre leur lait en nature.

La Commission a assisté aux expériences de la beurrière à caisse horizontale, inventée par M. Seignette, capitaine en retraite à Joinville-le-Pont (Seine).

Le piston de cette baratte, qui bat le lait pur, est à mouvement alternatif et rectiligne.

Le prix de la beurrière est fixée ainsi qu'il suit :

Jusqu'à 6 litres de lait ou crême, 150 fr.; de 6 litres jusqu'à 40, 300 fr.; de 40 litres à 80 litres, 500 fr.

Le prix élevé de cet instrument, la force qu'il exige pour que le piston soit mis rapidement en mouvement sont des obstacles qui s'opposeront à la propagation de la baratte-Seignette telle qu'elle est construite.

Cet instrument ne pourrait être recommandé que dans le cas où il recevrait des modifications profondes dans sa construction.

3° Machines en usage dans la Meunerie.

La question de la meunerie se rattache directement à l'agriculture.

Les meules, moulins portatifs et machines à rhabiller les meules, exposés au Palais de l'Industrie, devaient, à ce titre, être l'objet d'un examen sérieux de la part de la Commission.

On sait que La Ferté-sous-Jouarre a le privilége incontesté des bonnes pierre meulières. Quelques échantillons de la Vienne, de la Sarthe, de la Nièvre, de la Dordogne, de la Drôme, de la Belgique et de l'Allemagne, rivalisent cependant avec les remarquables produits de La Ferté-sous-Jouarre.

Le rhabillage des meules est une opération délicate et qui exige une main exercée.

L'appareil exposé par M. Ch. Touaillon, ingénieur-mécanicien à Paris, rue Coquillière, 8, peut être employé pour remplacer l'ancien mode de rhabillage si défectueux, si lent et surtout si insalubre.

Le travail de cette machine, perfectionnée dans ces derniers temps, est facile, régulier, et paraît faire disparaître toute espèce de danger pour la santé de l'ouvrier.

Le rhabilleur éprouve peu de fatigue à manier cet instrument, adopté aujourd'hui dans un grand nombre d'établissements.

Son usage procure une économie considérable sur le chômage, sur les marteaux et sur la main-d'œuvre.

Par la méthode ordinaire, on met 12 heures pour rhabiller une paire de meules. Avec la machine de M. Touaillon on exécute le même travail en quatre heures.

La farine, moins piquée, serait plus blanche, moins chargée de son et par conséquent plus nutritive.

Les ophtalmies et les maladies de poitrine causées par l'absorption du silex réduit en poussière, paraissent avoir disparu dans les usines où l'appareil de M. Touaillon est en usage.

Cette invention, dont le prix est de 300 fr. est profitable, à la fois, aux meuniers, aux ouvriers et aux consommateurs.

Ce que l'on est convenu d'appeler droit de mouture, si impopulaire dans nos campagnes, donne lieu à des réclamations nombreuses et fondées.

On y mettra un terme en propageant les moulins portatifs appelés à rendre des services de diverse nature.

La Commission a étudié avec le plus grand intérêt deux de ces moulins agricoles.

Le premier, inventé par M. Bouchon, de la Ferté-sous-Jouarre, peut être mu par un manège ou par le bras d'un homme. Il y a deux modèles.

Le petit modèle, dont les meules ont 0 m. 23 de diamètre, produirait, suivant l'inventeur, de 6 à 25 kilog. de mouture blutée par heure, avec un rendement de 75 à 80 kilog. de farine sur 100 kil. de blé. Il coûte 300 fr. avec la bluterie et tous les accessoires.

Les meules du grand modèle ont 0 m. 33 de diamètre. Il exige la force de deux hommes et produirait 20 kil. de mouture blutée par heure avec le même rendement.

Un autre numéro de ce modèle, qui coûte 450 fr., peut être mis en mouvement au moyen du manège d'une machine à battre. Il moudrait alors de 20 à 60 kil. par heure.

On doit, en général, dans l'emploi de ces appareils, se servir de forces mécaniques qui, seules, sont susceptibles de donner un mouvement régulier et continu.

L'autre moulin, inventé par Stanley, fabricant de machines d'agriculture à Péterborough (Angleterre) exige la force d'un homme ; mais comme on a substitué aux meules une noix d'une disposition particulière, il en résulte que la mise en mouvement est facile.

Cette machine fournit de 12 à 15 kilog. de farine par heure.

La farine est tamisée au moyen d'un bultoir particulier et divisée en deux catégories constituant des qualités différentes,

Le son forme aussi deux classes : les recoupes et le gros son.

Le moulin Stanley peut également écraser l'orge pour la nourriture des bestiaux. Il mout de même les gros grains, tels que le maïs. Seulement il faut les broyer à l'avance, à l'aide d'un concasseur.

Ce moulin se vend à Londres 190 fr., et à Paris 270 fr., à cause du port et des droits de douane.

M. de Rainneville vient de l'introduire dans le département de la Somme où il pourra se répandre et être employé en vue de mettre un terme aux abus qui se commettent dans l'exercice du commerce de la meunerie.

M. de Rainneville doit se livrer prochainement à des essais sur le moulin Stanley, sur un ventilateur-trieur et un décortiqueur construits par M. Jérome (François).

Machines, ustensiles etc. divers.

Les annexes des Champs-Elysées en renfermaient un certain nombre plus ou moins appropriés aux usages de l'industr ie agricole.

La Commission a principalement remarqué :

1° Un picotin-musette ou mangeoire portative, dite mangeoire-auge, de M. Laurent aîné, de Paris, rue du faubourg Saint-Denis, 167.

A l'aide de ce sachet, le cheval peut manger l'avoine, sans que la respiration soit gênée.

2° Une machine de M. Desplanques, de Lizy-sur-Ourcq, pour le lavage des laines.

Au moyen de cet appareil, les brins de laine ne se mêlent pas entre eux, et conservent le parallélisme qu'ils avaient dans la toison.

3° Une pompe dite arabe, très-simple et des plus utiles, exposée par M. Ragoucy, au Gros-Caillou, près Paris.

Cet instrument se compose d'une sorte de tonneau dans lequel on adapte un cylindre en cuir terminé par deux fonds en bois.

Le fond inférieur est garni d'une soupape ouvrant en dedans, et le fond supérieur de deux soupapes s'ouvrant en dehors.

Une tige adaptée au fond supérieur est mue par un bras de levier ; de l'autre fond part un tube en bois ou en fer, plongeant dans un puits jusqu'à une profondeur de 7 à 8 mètres au-dessous de l'orifice de ce tube.

Le jeu alternatif du levier a pour effet de développer ou de comprimer le cylindre. Le vide s'y produit, l'eau y arrive et s'en échappe ensuite pour remplir le tonneau. Cet instrument, qui va chercher l'eau jusqu'à une profondeur de 8 mètres, coûte de 40 à 45 fr.

4° Une locomobile de la force de trois chevaux et du prix de 2,500 fr., construite par MM. Nepveu et Cie, rue de la Bienfaisance, 36, à Paris.

Les machines à vapeur locomobiles présentent le double avantage de distribuer une force considérable, et de pouvoir voyager de ferme en ferme où elles font fonctionner indistinctement les machines à battre les grains, les moulins à farine, les coupe-racines, les hache-paille, les pompes, etc., etc. On en construit depuis la force de trois chevaux jusqu'à celle de dix. Leur prix varie de 2,500 à 10,000 fr.

5° Une presse à levier de C. Kingsford (Angleterre), pour traitement et solidification par compression de la tourbe ou de mélanges de tourbe avec du charbon pulvérisé.

6° Une machine de Clayton (Angleterre) pour la fabrication de tuyaux de drainage, briques creuses, pleines et tuiles.

Cette machine se vend à Londres 525 fr. avec une table à couper.

7° Une autre machine de Clayton, combinant l'action verticale et horizontale pour la fabrication des tuyaux de drainage, briques creuses et tuiles de toutes sortes.

Elle se vend à Londres 750 fr. avec un tablier à couper.

8° Un appareil du même constructeur, employée avec succès pour comprimer les briques. Prix : 425 fr.

9° Une machine de M. Tella fils, à Paris (système Clayton), d'un modèle qui peut produire 600 tuyaux à l'heure.

Cette machine n'exige aucun travail antérieur pour la préparation de l'argile dont on veut faire les tuyaux.

Au moyen d'un changement de filière qui peut s'effectuer en moins de cinq minutes, cet appareil se transforme en une machine préparatoire, tamisant et corroyant la terre, et la purgeant de toutes pierres, racines et corps étrangers susceptibles de compromettre la fabrication des tuyaux. Cette machine, introduite dans le Département par le Comice agricole d'Amiens, peut, au moyen des filières variées, être employée à la fabrication de briques, tuiles plates et creuses, faitières, gouttières, etc., et en général de tous prismes de forme quelconque.

Elle se vend 525 fr. à Paris, en y comprenant les divers accessoires.

L'opération du drainage, dont les nouveaux procédés ont reçu, dans ces derniers temps, la consécration de l'expérience, est appelée à exercer la plus grande influence sur les progrès de l'agriculture dans les cantons où se trouvent des sols toujours humides. Tout ce qui se rapporte au drainage, et qui figurait à l'Exposition universelle, a dû, pour ce motif, être l'objet d'une étude toute spéciale et approfondie.

La Commission a examiné, sous un toit rustique, un spécimen de drainage exécuté, dans des proportions réduites, par les soins de M. le marquis de Bryas (Gironde), et de M. le vicomte de Rougé (Aisne). On avait pratiqué des tranchées parallèles au fond desquelles étaient déposés des tuyaux. Des instruments de drainage, suspendus en faisceaux, dans les intervalles des fossés, ont paru pesants.

Les grands travaux auxquels se sont livrés ces deux agronomes, à 800 kilomètres de distance, montrent que le drainage tend à se naturaliser en France.

La première expérience de drainage, faite dans le département de la Somme, date de 1855. Vous avez bien voulu, Monsieur le Préfet, placer cette importante opération, sous le patronage éclairé du Conseil général, en proposant à cette assemblée, dans sa dernière session, d'inscrire à son budget, un crédit de plusieurs mille francs pour encourager et vulgariser, dans le Département, ce nouveau et puissant moyen de production.

On compte à peine quelques coins de terre drainés, dans la Somme, sur les cent mille hectares susceptibles d'être transformés, et qui acquerraient une plus-value que l'on peut évaluer à 45 millions de francs au moins. Pour arriver à ce résultat, 15 à 20 millions environ, sur une dépense de 25 millions, seraient successivement versés dans les cantons ruraux sous forme de salaires.

Cette opération ne doit pas seulement être considérée comme source de travail, et comme moyen d'assainissement pour quelques localités.

Le drainage, fécondé par le crédit agricole, qui est l'objet de la sollicitude constante du gouvernement de l'Empereur, produirait une augmentation considérable dans le rendement du sol, et il en résulterait un accroissement de richesse qui se traduirait aussitôt par un accroissement de consommation.

Telles sont, Monsieur le Préfet, les recherches auxquelles s'est livrée la section de l'agriculture, au milieu de cette grande et splendide Exposition universelle.

Les observations présentées sur les instruments choisis sont le résultat d'appréciations faites par la majorité de la section de l'agriculture dont les membres ont continuellement opéré en commun.

Parmi les machines employées dans l'industrie agricole, les instruments aratoires exercent une influence directe sur la production du sol.

La Commission a proposé, pour ce motif, dans sa réunion du 5 octobre, l'achat de deux charrues françaises et d'une charrue anglaise qui figuraient au Palais de l'Industrie.

Vous avez accueilli, Monsieur le Préfet, cette proposition et mis à la disposition du président les fonds nécessaires pour acheter ces trois instruments.

Le Département possède donc en ce moment la charrue Armelin dont un dépôt se trouve à Paris; l'araire en bois et en fer, construit à l'Ecole impériale de Grignon, et la charrue Howard, d'une construction si parfaite et qui présente les trois principaux caractères des charrues anglaises.

Le travail de ces instruments sera comparé, dans un concours public, à celui des charrues en usage dans nos arrondissements.

La section de l'agriculture a été unanime pour conseiller

l'introduction, dans le Département, de trois autres appareils :

1° De la machine à rhabiller les meules de M. Touaillon, destinée à remplacer l'ancien mode de rhabillage si défectueux, si lent et surtout si insalubre ;

2° Du crible-trieur cylindrique de Pernollet, jugé très utile, et dont le Comice agricole de Péronne demande, en ce moment, six modèles pour sa circonscription ;

3° Du moulin Stanley, appelé à rendre des services de diverses nature dans l'économie domestique.

MM. de Chassepot (Léon) et de Rainneville ont acheté ces deux derniers appareils.

La Commission ne pouvait importer dans le Département que quelques uns des instruments soumis à son étude. Elle a voulu que tous les appareils désignés par elle fussent l'objet d'une description courte et pratique qui en fît connaître les avantages et le mécanisme, et qui mît ainsi nos constructeurs sur la voie de modifications et d'améliorations susceptibles d'être apportées aux machines et ustensiles dont on se sert généralement dans les exploitations rurales.

Elle appelle d'une manière toute spéciale leur attention, ainsi que celle des cultivateurs, sur :

1° Les brabants belges avec soc écrouteur qui peuvent se transformer en charrue *sous-sol* sans versoir;

2° Les fouilleuses de Grignon, de M. Bazin et de M. Gustave Hamoir ;

3° L'extirpateur de M. Gratien-Desavoye, de Rieux-Hamel ;

4° Le rouleau brise-mottes, système Crosskill, avec disques en fonte et à pointes mobiles, et le rouleau brisé ;

5° Les semoirs de Grignon et de M. Jacquet-Robillard ;

6° Les machines à battre de Cumming (Orléans), Duvoir (Oise), et Dupetit (Amiens) ;

7° Le manège portatif de Pinet (Indre-et-Loire) ;

8 Les nettoyeurs-trieurs et les ventilateurs de M. Jérosme, François (Amiens) ;

9° Les hache-paille de MM. Quentin-Durand (Paris), Laurent (Paris), et W. Dray et Cie (Angleterre) ;

10° Les coupe-racines de MM. Durant, de Blercourt, Laurent et Quentin-Durand (Paris), de l'Ecole impériale de Grignon ;

11° Un écrase-pommes de M. Lotz aîné (Nantes) ;

12° La baratte Valcourt, perfectionnée par Lavoisy, celles de M. Quentin-Durand, et la baratte dite centrifuge de M. Stiernsward (Suède) ;

13° Une pompe dite arabe, très simple, de M. Ragoucy ;

14° Enfin, diverses machines de Clayton, pour la fabrication de tuyaux de drainage, briques creuses, pleines et tuiles de toutes sortes.

M. le comte de Beaumont, président de la Commission départementale, chargée d'étudier l'Exposition universelle, a bien voulu assister à toutes les réunions, de la Commission, et y apporter le fruit de ses lumières et de son expérience.

Une note sur les instruments et les produits de l'agriculture, préparée par les soins de M. Delamarre, député de la Somme, a guidé la Commission dans ses recherches et fourni des renseignements précieux, en ce qui concerne la description de certaines machines, et les avantages que pourrait présenter l'usage de chacune d'elles dans nos campagnes.

Conformément aux décisions consignées dans les procès-verbaux des séances de la section de l'agriculture. Le rapport sur les instruments et machines agricoles est dû aux appréciations consciencieuses et au zèle de M. Thuilliez, dont les connaissances spéciales en pareille matière sont dignes de toute confiance.

Quant au rapport qui concerne les produits agricoles, la Commission ne pouvait mieux faire que d'en confier la rédaction à M. Salmon fils, qui a déjà donné parmi nous, les preuves nombreuses d'une capacité qui justifie complètement le choix de la Commission.

La Commission a la certitude que plusieurs de ces instruments perfectionnés, joints à ceux que le Département possède déjà, contribueraient puissamment, tout en simplifiant les opérations de la culture, à développer le travail agricole, et en particulier à améliorer le sol dont les produits abondants et variés sont une source de richesse publique et de bien-être général.

En agriculture, les améliorations s'accomplissent lentement et quelquefois avec beaucoup de difficultés. La Commission espère, cependant, Monsieur le Préfet, que les recherches auxquelles elle s'est livrée ne resteront point sans application. Les populations appelées à recueillir les bienfaits qui pourront en résulter, les reporteront, par un souvenir de profonde reconnaissance, au magistrat dont la haute sollicitude, pour les grands intérêts qui lui sont confiés, a pris l'initiative de l'institution d'une commission chargée d'étudier l'Exposition universelle au point de vue agricole, commercial et industriel de son Département.

Amiens, le 15 *Mars* 1856.

Le Vice-Président de la section de l'agriculture,

Cte LÉON DE CHASSEPOT.

EXPOSITION UNIVERSELLE.

COMMISSION DÉPARTEMENTALE.

RAPPORT

ADRESSÉ

A M. LE PRÉFET DE LA SOMME,

AU NOM DE LA SECTION DE L'AGRICULTURE,

Sur les Produits agricoles de l'Exposition universelle.

SOMMAIRE :

CONSIDÉRATIONS GÉNÉRALES. Céréales de l'Étranger, de l'Algérie et de la France. — Froments. — Orges. — Seigles, etc. — Plantes et Racines fourragères; Sorgho. — Plantes textiles, Lin. — Opium indigène extrait de l'œillette. — Laines. — Tourbes, etc

RAPPORT

ADRESSÉ

A M. LE PRÉFET DE LA SOMME,

AU NOM DE LA SECTION DE L'AGRICULTURE,

SUR LES PRODUITS AGRICOLES DE L'EXPOSITION UNIVERSELLE.

MONSIEUR LE PRÉFET,

Dans votre sollicitude éclairée pour les intérêts du Département, vous avez institué une Commission chargée de visiter et d'examiner l'Exposition universelle de 1855, au profit du département de la Somme. Peu de mesures pouvaient, autant que celle-là, être fécondes en heureux résultats. Dans cette merveilleuse exhibition des produits de l'agriculture et de l'industrie du monde entier, réunis dans la capitale de la France, combien de belles et bonnes choses étaient à voir. Combien d'améliorations pouvaient être introduites dans notre pays à leur imitation. Notre département, Monsieur le Préfet, vous devra une éternelle reconnaissance de cette noble pensée, qui devra porter de si bons fruits.

Les opérations de la Commission ont duré une semaine pendant le cours de laquelle elle a visité tout ce que le Palais de l'Industrie, et principalement ses annexes, renfermaient d'intéressant pour l'agriculture, sous quelque forme que ce fût. Grace à l'intervention de M. le comte de Beaumont auprès de M. le Commissaire général de l'Exposition, les membres de la Commission étaient accompagnés d'un gardien qui les défendait des approches de la foule et leur procurait la facilité d'examiner plus facilement tous les instruments et autres objets de leurs observations. Les exposants ont tous rivalisé d'empressement et de complaisance pour nous donner tous les renseignements dont nous pouvions avoir besoin. Nous avons vu fonctionner exprès pour nous un assez grand nombre de machines, et nous avons obtenu de MM. les commissaires des différentes parties de l'Exposition et des exposants, de précieux échantillons des produits agricoles les plus remarquables.

Le mandat de la Commission n'était pas d'énumérer tout ce que l'Exposition universelle renfermait de relatif à l'agriculture, mais bien de signaler les produits, machines et instruments agricoles dont l'introduction pourrait être utile dans le département de la Somme; elle a donc rigoureusement éliminé tout ce qui n'avait pas un intérêt direct et réel à ses yeux pour le progrès agricole de notre pays. Telles étaient, entre mille, bien des collections de produits dont aucun ne serait cultivable sur notre sol ; bien des instruments coûteux, ou compliqués, qui n'offraient aucun avantage pour nos cultures, etc. Son travail se divisait naturellement en deux parties : l'examen des produits agricoles paraissant pouvoir être cultivés avec avantage dans notre département, et celui des machines et instruments agricoles qu'il serait le plus utile d'y introduire. Elle s'est successivement livrée à ces deux divisions de sa tâche, et nous avons l'honneur, Monsieur le Préfet, de venir vous rendre compte de la partie de ses travaux et de ses observations, qui concerne les produits agricoles.

Ce n'était pas une tâche facile à remplir que de distinguer, parmi toutes les merveilles que renfermait le Palais de l'Exposition, les céréales, plantes, racines, etc. qui pourraient être introduites avec chance de succès dans les cultures de notre département. Céréales de toute beauté, plantes textiles vraiment hors ligne, laine d'une finesse admirable, enfin tout ce que le génie et la persévérance de l'homme peuvent obtenir de la terre et des animaux qui l'habitent, était réuni devant nous. On n'avait que l'embarras du choix. Mais la Commission manquait souvent de renseignements sur la manière dont ces remarquables produits avaient été obtenus, et il fallait aussi considérer qu'une partie de ces merveilleux échantillons de récoltes, cultivés sans doute spécialement pour être présentés à l'Exposition, pouvaient, grâces aux soins exceptionnels dont ils avaient été l'objet, avoir atteint un développement inaccoutumé, qui ne se représenterait plus dans la culture ordinaire de nos champs, et pourrait exposer le semeur à voir son espoir de succès se changer en déception, quand viendrait le moment de la moisson.

Votre Commission a donc cru devoir ne pas s'occuper d'un grand nombre de collections qui, n'ayant été cultivées que dans un but de recherches, d'essais ou de comparaison, ne paraissaient rien présenter qui pût être introduit d'une manière profitable dans le Département, et surtout n'offraient qu'un intérêt secondaire, à cause du genre spécial de culture auquel ils avaient fort probablement été soumis.

Malgré ces éliminations, notre moisson est encore abondante, et nous pouvons espérer qu'elle produira d'heureux résultats, en signalant des plantes dont la culture pourrait augmenter la production et la richesse du département de la Somme.

1° Céréales.

§ 1. ÉTRANGER ET ALGÉRIE.

Les céréales ont, comme de raison, attiré d'abord l'attention de la Commission. L'élévation actuelle de leur prix fait plus que jamais sentir la nécessité d'en augmenter encore la production sur notre sol. La Commission a donc recherché attentivement si, parmi les nombreux échantillons de céréales qui frappaient ses regards, il y en avait qui pussent être avantageusement introduites dans les cultures de la Somme. Elle s'est longtemps arrêtée devant la magnifique exposition des produits de l'Algérie. Parmi les superbes échantillons de céréales qu'elle y a successivement examinés, elle a surtout remarqué le blé tendre de M. Pagès, d'une beauté véritablement hors ligne ; mis auprès du plus beau blé anglais, il ne lui cède en rien pour la grosseur et la qualité du grain. Son poids est de 79 kilogrammes l'hectolitre. Ceux de MM. Laperlier et Joyot ne méritent pas moins d'éloges. Il est à regretter qu'on ne connaisse pas bien l'origine et le climat primitif de ces semences ; si on avait pu se procurer ces renseignements, ils auraient été fort utiles. M. Viéville a exposé de fort beau blé dur provenant de grains trouvés dans des vases romains. Nous avons aussi remarqué celui de M. Martin, Joseph.

Les orges n'ont pas paru égaler les blés en beauté ; elles ne pourraient même pas être comparées à l'orge à six côtes qui est cultivée par quelques personnes dans notre département. En revanche, nous avons admiré le roi des seigles, ou seigle romain de M. Petrus Borel, à Mostaganem, dont les magnifiques grains sont d'une grosseur extraordinaire, presque semblables à du froment.

Ayant exprimé le vœu que des échantillons de ces diverses céréales nous fussent accordés, nous en avons obtenu quelques-uns qui sont actuellement semés ou le seront l'année prochaine chez des cultivateurs des différents point du département, afin que de cette manière, on puisse apprécier plus exactement la possibilité et les résultats de leur acclimatation.

Ce n'est pas sans une certaine prévention que la Commission a examiné les céréales d'Angleterre. Le mauvais succès de la récolte des blés anglais dans notre pays, en 1855, constitue en quelque sorte à leur sujet un préjugé qui ne leur est pas favorable. Notre examen a pourtant été sérieux et attentif, et nous croyons devoir signaler aux cultivateurs de la Somme de magnifiques Talaveras, un fort beau blé dit Red schaff white et le Blover's red, qu'on sème après le trèfle en Angleterre dans l'assolement de quatre ans (1).

L'orge chevalier et l'orge nue paraissent aussi dignes d'être spécialement indiquées; ainsi que l'avoine Hopetoun, qui fait partie de l'admirable collection d'avoines exposée par l'Angleterre.

L'Australie a envoyé à l'Exposition universelle de magnifiques blés de Van Diémen et de la terre de Victoria, qui ont excité au plus haut degré notre admiration, quoiqu'ils ne soient peut-être pas plus beaux que ceux de l'Algérie, qu'ils surpassent un peu en poids (2). Ils auraient peut-être chance d'une bonne acclimatation sur notre sol, si on pense que des animaux transportés de France dans ces contrées lointaines s'y sont très bien naturalisés. Nous pouvons dire à peu près la même chose de ceux du cap de Bonne-Espérance dont la Commission a vu de si beaux spécimens, et de celui de M. Shaw, du Canada, dont le blé, le plus lourd de tous ceux de l'Exposition, pesait 83 kilogr. 920 gr. l'hectolitre.

Des échantillons de plusieurs de ces céréales, que nous avons obtenus de M. d'Antist, commissaire de cette partie de l'Exposition, sont actuellement en terre, et on pourra, dans

---

(1) Voici quelle est la rotation de l'assolement quadriennal ou de Norfolk, si célèbre en Angleterre. — 1re *année*. Racines et principalement navets ou turneps. — 2e *année*. Céréales de printemps (orge et avoine. — 3e *année*. Prairies artificielles (notamment ray grass et trèfle). — 4e *année*. Blé.

(2) Le blé de M. Gibson, de Van Diémen pesait 82 kilog. 720 gr.; ceux de M. Barker, de Victoria, n'atteignaient pas 80 kil. — Enfin, le blé de M. Mac Arthur, de la Nouvelle-Galle du Sud, pesait 83 kil 360 gr.

quelques mois, juger de la possibilité de leur acclimatation dans le Département. Un de vos rapporteurs a conservé quelques grains de chaque espèce, ce qui en permettant de comparer la récolte avec la semence, pourra faire plus sûrement apprécier la conservation ou la dégénération de l'espèce sous notre climat.

Quoiqu'assez belles, les céréales de Belgique n'ont pas paru offrir de variétés meilleures que les nôtres. Nous pouvons en dire à peu près autant de l'exposition agricole de la Grèce, qui ne présentait que des céréales ne paraissant pas surpasser celles que nous venons de mentionner, et des maïs, mais cette plante étrangère ne pourra guère être jamais cultivée en grand dans notre pays.

Quelques blés d'Espagne ont aussi un instant attiré nos regards.

§ II. — FRANCE.

Après avoir signalé les céréales des pays éloignés ou étrangers, qui ont paru à la Commission mériter d'être au moins essayées dans le département de la Somme, nous passons à celles propres à la France, ou qui y sont déjà convenablement acclimatées.

La Commission a accordé un juste tribut d'éloges aux beaux blés de M. Crespel Delisle, qui a exposé entr'autres un blé blanc et un blé riz d'une beauté remarquable. Produits de la grande culture, ces magnifiques céréales, qui rendent 40 hectolitres à l'hectare et pèsent plus de 78 kilog., sont une importation désormais complètement acclimatée. On ne peut pas espérer voir jamais toutes les cultures de notre département produire de semblables résultats; mais, sans vouloir atteindre à la perfection de M. Crespel, il est à souhaiter que les cultivateurs de la Somme prennent ces résultats pour modèles et s'efforcent tous de les imiter.

Indépendamment de la beauté de la semence, la perfection de la culture est encore indispensable pour obtenir des récoltes de qualité supérieure. C'est principalement sous ce dernier rapport, que l'infériorité de notre département est plus grande. Les labours profonds qui ameublissent mieux la terre, les engrais convenables et abondants, les semailles bien faites (celles en ligne surtout, quand c'est possible), sont tous des moyens à employer pour arriver au résultat désiré : l'augmentation et l'amélioration des récoltes. Ce n'est pas ici le lieu de nous étendre plus longuement sur ce sujet. Nous continuerons donc le résumé des observations de la Commission sur les céréales de France.

Le blé du Mesnil-Saint-Firmin, de M. Bazin, lui a semblé ne pouvoir être trop introduit dans notre département, où il est déjà si avantageusement connu.

Les beaux échantillons de céréales récoltées en grande culture, exposés par M. de Gillès, du Saulchoix (Somme), ont vivement frappé ses regards, elle ne peut que désirer que tous les cultivateurs imitent la perfection, à laquelle la culture de M. de Gillès est arrivée.

Elle a aussi examiné un blé appelé *blé-seigle*, présenté par M. Fabre, du département du Lot. Ce blé, d'une espèce nouvelle, a été découvert, dans un champ de seigle, par l'exposant, qui l'a cultivé et amélioré. Il est surtout bon pour être semé dans des terres sablonneuses, et on le cultive dans le département du Lot, dans des terrains de cette nature où on ne pouvait, avant sa découverte, récolter que du seigle.

Un seigle, appelé seigle de Rome, exposé par M. Trochu, de Belle-Isle-en-Mer, a frappé la Commission par la grosseur remarquable de son grain qui ne peut être surpassé que par le roi des seigles d'Algérie; la blancheur de son écorce et son poids qui égale celui du froment. Il est à souhaiter que sa culture s'introduise dans le Département. Un échantillon en a été semé près d'Amiens par un des rapporteurs de la Commission.

L'avoine noire hâtive, mûre avant le froment de M. Bobée, à Chenailles (Loiret), semble aussi pouvoir être avantageusement introduite dans nos cultures.

La collection de céréales de l'Ecole municipale supérieure d'Orléans a présenté, entre autres, un blé Victoria, d'une beauté qui semble prouver la possibilité de l'acclimatation dont j'avais l'honneur de vous parler tout à l'heure. Il est bon cependant de faire observer que la collection dont il fait partie doit être rangée dans la catégorie de celles citées au commencement de ce rapport, comme provenant de cultures plus soignées que la culture ordinaire.

2° Racines. — Plantes fourragères, textiles, etc.

§ 1. PLANTES ET RACINES FOURRAGÈRES, SORGHO.

Des céréales, la Commission a passé à l'examen des plantes et racines fourrageres ; elle s'est longtemps arrêtée devant la magnifique exposition de la maison Vilmorin-Andrieux et Cie que nous pouvons presque proclamer la plus remarquable de toute l'Exposition, sous le rapport des produits agricoles.

Sans parler d'une magnifique et très nombreuse collection de céréales, M. Vilmorin a encore exposé des plantes textiles, fourragères, potagères, des graines d'arbres, etc. La Commission a spécialement distingué parmi les plantes fourragères : le vulpin et la fléole des prés, qui paraissent pouvoir être mélangés avantageusement avec le trèfle; l'ivraie d'Italie et le trèfle hybride; ce dernier est remarquable par sa rusticité et l'abondance de sa récolte.

A cette collection de produits était joint un magnifique album, rempli de fort belles peintures, qui sont de véritables portraits de racines, parmi lesquels nous avons vu celui d'une betterave, dite de Magdebourg, qui donnerait au laboratoire 14 à 15 0|0 de sucre. Jusqu'à présent l'expérience a démontré à plusieurs membres de la Commission que la meilleure betterave à sucre était la blanche à collet rose qui ne donne au laboratoire que 10 à 11 0|0 de sucre.

Le navet rose du Palatinat, ainsi que le navet Border impérial, qui est d'une grande rusticité, bon pour la cuisine comme pour la nourriture des animaux (1), ont encore frappé

(1) Il se sème en juillet.

nos regards dans cette immense collection, véritablement universelle de produits agricoles.

Après avoir jeté un coup d'œil sur les conifères de M. Vilmorin et sur ses chênes d'Amérique, venus et élevés en France, la Commission s'est éloignée à regret de cette exposition digne de tous éloges, en souhaitant que les cultivateurs de la Somme s'adressent à M. Vilmorin, dont plusieurs d'entre nous ont déjà pu apprécier la complaisance, pour introduire de nouvelles plantes fourragères dans le Département.

Nous avons aussi admiré la beauté des graines de fourrage du Canada; il est à souhaiter que leur importation en France se fasse sur une grande échelle.

A part quelques beaux globes jaunes, les autres racines de l'Exposition n'avaient rien de remarquable, plusieurs même étaient au-dessous de l'ordinaire de nos champs. Nous citerons seulement, parmi celles exposées par l'Angleterre, un navet turnep à collet rouge extrêmement hâtif, semé en août il est bon à récolter en automne; le Hoode impérial large Yellow, le golden Yellow et le globe jaune.

Une plante nouvellement importée en France, et dont un échantillon, récolté sous le climat de Paris, figurait à l'Exposition, mériterait d'être introduite en grand dans notre département, où elle a été cultivée avec succès, mais en petit l'année dernière. C'est le Sorgho sucré (*Holcus saccharatus* de Linné) appelé par quelques-uns canne à sucre de l'Inde. Il est originaire des Indes Orientales, très commun dans la Sénégambie et la Nigritie, ainsi que dans la Chine. Ses tiges à larges feuilles, qui ont quelque ressemblance avec celles du maïs, atteignent une hauteur de 2 m. 50 c.; elles contiennent une assez grande quantité de sucre, qui est surtout renfermée entre le premier et le troisième nœud de la tige.

Le Sorgho s'acclimate bien dans le Midi de la France; il parvient rarement à maturité dans le Nord, ou du moins lorsqu'il vient à graines, elles ne sont jamais assez formées pour pouvoir être semées. Mais cela n'altère en rien sa qualité saccharifère. On l'a cultivé en 1855 à Boulogne-sur-Mer, et les résultats qu'il a donnés en sucre ont été aussi satisfaisants que dans le Midi.

Il pourrait aussi être cultivé sur notre sol comme un excellent fourrage à plusieurs coupes. Récolté dans ce but, en Allemagne, de la même manière que le maïs, il a rendu 48,000 kilogr. à l'hectare.

Le Sorgho a été cultivé en 1855 à Amiens, par M. Dumont-Carment, grainetier-horticulteur; semé en avril, il est bon à récolter en novembre. On l'effeuille en août et ses feuilles, qui ne contiennent pas de sucre, forment un excellent fourrage vert, précieux surtout à cette époque de l'année.— M. Dumont a retiré du Sorgho de fort bon cidre et d'excellent vinaigre. Il pourra aussi être cultivé comme plante alcoolisable (1). Un hectare produit, dit-on, 60,000 tiges qui donneraient quinze hectolitres d'alcool pur, environ. La quantité de graines nécessaire pour l'ensemencement d'un hectare est de 7 kilogr. (2).

§ II. — Plantes textiles.

Les plantes textiles ont ensuite attiré l'attention de la Commission. Les lins de Prusse et d'Autriche ont excité son admiration par leur beauté qui paraît provenir de deux causes : 1° arrachage précoce avant la formation de la graine; 2° rouissage à eau courante ; ce mode de rouissage dans

(1) Les terres qui renferment du carbonate de chaux sont préférables pour la culture du Sorgho, si elles sont fertiles, et pourvu qu'elles puissent lui offrir, pendant toute son existence, une certaine fraîcheur. Il serait nécessaire de l'arroser dans les terrains siliceux qui manquent de profondeur, comme dans les provinces du Midi, quand le sol est desséché par la chaleur.

(2) Le prix actuel du Sorgho est de 6 fr. le kilog. Il est probable qu'il ne tardera pas à diminuer.

lequel le lin est placé debout a une grande supériorité qui provient, à ce qu'il paraît, de ce que l'eau courante enlève les parties gommeuses de la plante. Il est aussi employé en France par quelques personnes, et M. Lailler, de Lhotellerie (Calvados) lui doit, dit-on, la beauté des lins de Rigâ qu'il a exposés.

La Commission, en admirant la finesse et la douceur des lins présentés par des exposants Belges, a également acquis la conviction qu'ils avaient été arrachés avant la maturité de la graine.

Elle a vu avec plaisir la beauté des lins exposés par un agriculteur de notre département, M. Morgan de Maricourt.

Les lins de la province d'Oran méritent aussi d'être signalés d'une façon particulière.

3° Opium indigène; laines. etc.

§ I. — Opium indigène.

La culture du pavot-œillette est très répandue dans notre département, mais jusqu'à présent on ne l'a guères récolté que pour l'huile que donne sa graine ; un autre produit peut cependant en être retiré sans nuire en rien à la qualité, comme à la qualité de la graine. Ce produit c'est l'opium que nous fournit à grands frais l'Orient.

Un échantillon d'opium, extrait de l'œillette, a attiré l'attention de la Commission qui a vu avec plaisir qu'il était exposé par un de nos compatriotes, et qu'il avait été récolté sur notre sol.

Il y a déjà plusieurs années que M. Aubergier, de Clermont-Ferrand, s'est assuré, par l'analyse, que l'œillette renferme un opium très riche en morphine (1), mais il disait

(1) D'après M. Aubergier, l'opium du pavot-œillette renferme depuis 13, 87 jusqu'à 17, 83 pour 0[0 de morphine. Celui retiré du pavot brun pourpre, du pavot blanc à tête ronde, etc., n'a donné, à l'analyse, que 7,8, 9, 10 et 11 0[0 de morphine.

que la quantité d'opium était si faible, qu'on ne pouvait guères songer à cultiver l'œillette dans le but d'en retirer ce produit pour le commerce.

Un honorable pharmacien d'Amiens, M. Bénard, a entrepris à son tour d'extraire l'opium de l'œillette, et ses essais paraissent avoir été couronnés par le succès. M. Bénard a présenté à l'Exposition de l'opium recueilli par lui sur des œillettes cultivées aux portes d'Amiens, et qui possède toutes les qualités extérieures du meilleur opium du commerce. Il restait à la Commission à connaître la quantité de morphine qu'il contient. Elle savait déjà que l'opium récolté par M. Bénard avait donné en 1853, 14 75 p. 100 de morphine, et celui de 1854 16 p. 100. Un de ses membres (1) a bien voulu se charger de faire l'analyse de celui présenté à l'Exposition universelle. Cette analyse a été faite dans le laboratoire et sous les yeux de M. Mialhe (c'est dire toute son exactitude); 30 grammes ont donné 6 grammes 68 centigrammes d'une morphine presque pure, retenant encore un peu de matière résineuse seulement; c'est 20 p. 0|0 environ, et le meilleur opium du commerce en contient à peine 10 p. 0|0.

Un hectare d'œillettes pouvant donner 25 kilos d'opium, le cultivateur qui voudra le récolter, retirerait donc un immense bénéfice, sans autres frais que ceux de main-d'œuvre : il n'a rien à changer à sa culture actuelle, cependant la Commission recommanderait le semis en lignes espacées de 30 centimètres, comme facilitant les sarclages et le passage des ouvriers, sans nuire à la plante. Deux adultes, ou un homme et un enfant, peuvent récolter, en dix heures, 125 grammes de suc opiacé qui, par la distillation se réduira à 60 grammes d'opium commercial très beau et très bon. La récolte se fait à l'aide d'incisions obliques opérées par un petit instrument portant trois lames dont la longueur ne permet pas à l'ouvrier de traverser la capsule.

(1) M. Acar.

Cette opération peut se renouveler une ou deux fois sans nuire à la maturité de la graine ; l'époque la plus favorable est le moment où la capsule, après la floraison, revêt une teinte *blanc argentin* qu'on appelle *fleur*.

Déjà, un cultivateur, propriétaire à Puchevillers, M. Renard, sur les indications de M. Bénard, a fait, cette année, un essai qui lui a réussi ; la Commission ne doute pas que M. Bénard ne soit disposé à donner tous les renseignements nécessaires aux cultivateurs qui voudraient profiter de son expérience ; aussi, elle s'abstiendra d'entrer dans de plus grands détails : elle ne peut qu'engager fortement les cultivateurs d'œillettes à essayer d'une culture aussi simple qu'avantageuse (1).

§ II. — LAINES.

Un autre genre de produits a longtemps fixé l'attention de la Commission, je veux parler des laines. Personne n'ignore l'importance qu'ont les moutons dans les cultures de notre département, et combien il est nécessaire d'en propager et d'en améliorer les races. Ajoutons que, dans aucun autre pays, peut-être, l'espèce ovine n'avait plus besoin d'amélioration que sur notre sol. Des races élevées en Picardie, écrivait Carlier dans la seconde moitié du XVIIIe siècle, la plus commune est celle du mouton picard (2) proprement dit. La chair de ces animaux, dit-il plus loin, est assez souvent ferme et peu délicate.

Le même auteur ajoute, quelques lignes plus bas, qu'il arrivait souvent que les bêtes vieilles étaient tellement mauvaises, que les boucheries ordinaires ne pouvaient les consommer. Vingt-cinq ans plus tard, l'abbé Rozier écrivait

---

(1) Le prix actuel de l'opium, qui ne contient guère que moitié de la quantité de morphine que renferme celui récolté par M. Bénard, est de 60 fr., le prix de revient de l'opium sec, récolté comme nous venons de le dire, n'est que de 23 fr. 92 c. par kil. On voit le bénéfice que rapporterait cette culture.

(2) Traité des bêtes à laines, par M. Carlier, Paris 1770, in-4° tom. 2.

encore la même chose (1). Et à une époque plus rapprochée de nous, la *Maison rustique* du XIXe siècle nous dit encore que le mouton picard ne donne qu'une laine grossière. Depuis ce temps, heureusement, les choses ont bien changé, et si Carlier revenait dans ce monde, il aurait bien des modifications et additions à faire à son traité sur les laines de Picardie, couronné en 1754 par l'Académie d'Amiens. Grâces aux soins du gouvernement, des comices agricoles et aussi de quelques particuliers, l'espèce ovine du département de la Somme est considérablement améliorée, et s'avance, comme le reste de notre agriculture, nous pouvons presque dire au pas de course, dans la voie du progrès.

La Commission a admiré successivement : les laines d'Autriche, qu'on peut regarder comme le *nec plus ultrà* de la finesse du mérinos pur, de petite taille et à fanon. Les laines mérinos d'Australie, qui sont produites à bien meilleur marché que les nôtres, et qui arrivent de jour en jour avec plus d'abondance en Europe; les laines mérinos de Rambouillet, dont on paraît vouloir allonger la mèche, peut-être aux dépens de la finesse, pour en faire de la laine à peigne, et celles de la magnifique race soyeuse de Mauchamp, qui n'est malheureusement pas encore complètement fixée.

La Commission s'est spécialement arrêtée aux laines provenant des moutons anglais, soit à celles exposées par des français, soit devant la nombreuse collection de laines présentée par le gouvernement de la Grande-Bretagne,

N'ayant pu examiner les animaux de races diverses qui ont produit ces variétés de laines, la Commission regrette de ne pouvoir désigner quelle est celle qui serait à préférer pour le département de la Somme.

La laine des Costwold, vu son rapport avec la laine picarde, lui a fait supposer que cette race pourrait, peut-être,

(1) Dictionnaire d'Agriculture. Paris 1786, article *Laine*.

être employée avec succès dans des croisements avec la nôtre.

La laine des Dishley s'en rapproche beaucoup, mais il paraît que les moutons de cette race sont plus délicats que ceux de race Costwold.

La laine des South-Down est plus courte, l'animal est, dit-on, plus petit et plus rustique.

La Commission a encore examiné : les belles laines provenant du troupeau Dishley-mérinos de M. Pluchet, à Trappes, dont les moutons paraissent être des bêtes de boucherie excellentes, puisqu'il nous a été affirmé que des agneaux de ce troupeau, âgés de neuf à dix mois, avaient pesé de 18 à 28 kilogrammes de viande nette; et les laines des moutons de la race de la Charmoise exposées par MM. Malingié fils; cette belle race, créée par l'illustre Malingié, ne paraît pas se conserver aussi parfaite qu'elle l'a été.

§ III. — TOURBES

Enfin, Monsieur le Préfet, la Commission ayant remarqué à l'Exposition des tourbes de diverses provenances, soumises à des préparations qui en rendent l'emploi plus général et plus utile, a pensé que le Département, qui renferme des tourbières très riches, pourrait profiter de la connaissance des moyens employés pour réaliser cette amélioration.

On trouvait à l'Exposition de la tourbe naturelle desséchée, de la tourbe comprimée, de la tourbe solidifiée, de la tourbe pétrie, de la tourbe mélangée de cendres de houille, de la tourbe carbonisée, enfin tous les produits ultimes de la distillation de ce combustible, comme huile, goudron, sels ammoniacaux, etc., etc.

La Commission, séduite par l'aspect de la tourbe comprimée, qui offre des avantages considérables, sous le rapport du volume et de la quantité du calorique développé, a cherché longtemps l'appareil qui opère cette compression ; des démarches, des visites ont été faites auprès de plusieurs compagnies exploitantes, pour connaître les procédés mis en usage; toutes sont brevetées et aucune d'elles ne paraît disposée à laisser pénétrer son secret. Néanmoins la Commission a acquis la certitude la plus grande que la compression ne s'opère pas sur la tourbe naturelle, à cause de son élasticité; que toujours et par tous les procédés français et étrangers, une certaine quantité de matière bitumineuse est nécessaire pour détruire cette élasticité, ou pour lier avec la tourbe les substances qu'on y ajoute.

Dans cet état, la tourbe est compacte, lourde, brûlant bien et donnant une chaleur très intense; une presse très simple et qui paraît avoir été déjà fabriquée par un mécanicien d'Amiens, M. Potel, pour une compagnie en dissolution, atteindrait parfaitement le but : la table contenant six tourbes, un homme et deux enfants en presseraient déjà douze mille par jour.

C'est certainement une des industries qui peuvent très facilement s'introduire dans le Département. Déjà le canton de Ham possède une grande usine de carbonisation, qui emploie la tourbe des marais d'Offoy et de Noyennes. Placée près d'Amiens, une seconde usine y trouverait des débouchés considérables, surtout si elle recueillait l'huile de la tourbe qui fournit un gaz dont la force éclairante est huit fois plus grande que celle du gaz de la houille.

La Commission ne parlera pas de l'emploi nouveau de la tourbe dans la fabrication d'un papier d'emballage que l'on prépare en Piémont, les résultats ne lui en sont pas assez connus pour en apprécier le mérite et la valeur.

En résumé, en présence de la cherté toujours croissante de la houille et du bois, la Commission ne peut trop souhaiter de voir bientôt l'exploitation de la tourbe, dans notre département, abandonner les vieilles coutumes, et s'emparer hardiment des nouveaux moyens que la chimie et la mécanique mettent à sa disposition.

Tels sont, Monsieur le Préfet, les résultats de l'examen des produits agricoles de l'Exposition universelle par la section d'agriculture de votre Commission départementale. Je dois, en terminant ce travail, exprimer seulement le regret que les sentiments de la Commission n'aient pas eu un interprète plus digne d'elle. Le plus jeune de ses membres, nous avons dû obéir à la volonté de ceux que nous regardons à juste titre comme nos maîtres dans la noble science de l'agriculture. Puisse la bonne volonté du rapporteur faire excuser la faiblesse et l'imperfection du rapport.

L'un des membres de la Commission départementale,
Rapporteur de la Section d'Agriculture,

CHARLES SALMON,

Secrétaire du Comice agricole d'Amiens.

Amiens, 15 mars 1856.

AMIENS, IMP. DE E. YVERT.

Depuis la rédaction des rapports qui précèdent, M. Danzel-d'Aumont nous a envoyé un travail sur le concours universel des animaux, tenu à Paris en 1855. M. Dermigny, président du Comice de Péronne, nous a également adressé des notes sur les instuments de culture. Ces deux documents n'ont pu être discutés par la section de l'agriculture. Ils seront placés sous les yeux du Comité de rédaction institué le 15 mars 1856.

M. le comte de Vigneral a fait distribuer, lors de la réunion générale du 15 mars, un rapport adressé à M. le Préfet, sur l'application de l'Exposition universelle aux intérêts agricoles du Département. Ce rapport, qui contient des données pleines d'intérêt et très dignes d'être prises en considération, sera également l'objet d'une étude sérieuse de la part du Comité de rédaction.

Le Vice-Président de la section de l'agriculture,

Cte. Léon de CHASSEPOT.

AMIENS, IMP. DE E. YVERT.

www.ingramcontent.com/pod-product-compliance
Ingram Content Group UK Ltd.
Pitfield, Milton Keynes, MK11 3LW, UK
UKHW021819190726
13853UKWH00003B/1075